АРТИЛЛЕРИЙСКОЕ ВООРУЖЕНИЕ
МИНОМЕТЫ

火炮武器：
迫击炮

［俄］В. В. 库拉科夫，［俄］А. А. 叶弗列莫夫
［俄］Е. И. 喀什琳娜，［俄］О. Ю. 喀什琳娜　著
［俄］Ю. И. 利特温

许耀峰　崔青春　张世全　刘朋科　译

北京理工大学出版社
BEIJING INSTITUTE OF TECHNOLOGY PRESS

内 容 简 介

本书简述了火炮的发展历程以及火炮武器的分类，研究了 2Б14 型 82 mm 便携式迫击炮、2С12 型 120 mm 迫击炮系统和 2K21 型迫击炮的用途、结构、战术技术性能、工作原理、操作程序、可能的故障和炮班或维修分队的排障方法、弹药和弹药使用规则以及使用安全措施，介绍了火炮武器的基本概念、许可程序、相关技术文件和资料的填写、技术维护等基础理论，并将迫击炮武器的发展前景、炸药标记和炸药代号以及火药代号、2Б14 型迫击炮备附具、1B12 型射击指挥系统等内容作为附录予以呈现，可使广大读者对火炮、火炮武器以及迫击炮有一个系统、详细的了解。

本书既可作为高等学校武器装备工程专业或其他国防专业学习用书，也可作为有关工程技术人员的参考用书。

版权专有　侵权必究

图书在版编目（CIP）数据

火炮武器：迫击炮 /（俄罗斯）B.B.库拉科夫等著；许耀峰等译. -- 北京：北京理工大学出版社，2024.6.

ISBN 978-7-5763-4301-4

Ⅰ. TJ31

中国国家版本馆 CIP 数据核字第 20248VL184 号

北京市版权局著作权合同登记号　图字：01-2024-0032

责任编辑／李颖颖　　**文案编辑**／李颖颖
责任校对／周瑞红　　**责任印制**／李志强

出版发行／北京理工大学出版社有限责任公司
社　　址／北京市丰台区四合庄路 6 号
邮　　编／100070
电　　话／（010）68944439（学术售后服务热线）
网　　址／http://www.bitpress.com.cn

版 印 次／2024 年 6 月第 1 版第 1 次印刷
印　　刷／廊坊市印艺阁数字科技有限公司
开　　本／710 mm×1000 mm　1/16
印　　张／11.25
字　　数／200 千字
定　　价／78.00 元

图书出现印装质量问题，请拨打售后服务热线，负责调换

序

迫击炮具有射速快、威力大、质量轻、结构简单、使用方便可靠等优点。作为支援和伴随步兵作战的一种有效的压制武器，其主要作战任务是杀伤或压制近距离暴露和隐蔽的敌有生力量和技术兵器，摧毁敌轻型工事和障碍物，也是施放烟幕和实施战场照明的理想武器。

迫击炮经过 100 多年的发展，口径序列逐步统一为 60 mm、81 mm、82 mm、120 mm、160 mm、240 mm 等。随着战争形式的演变以及材料技术、平台技术、火控技术、弹药技术等的发展，使得迫击炮的功能及性能逐步拓展。大口径迫击炮从传统三大件（炮身、炮架、座钣）前装填结构模式逐步衍生出带反后坐装置的后装填迫击/迫榴炮；中、小口径迫击炮质量更轻、射程更远；机动形式由便携、牵引等发展到车载、自行等模式；弹药体系发展了具有杀伤、爆破、破甲等多种战斗部的增程弹、子母弹、末敏弹、卫星/激光制导弹等，未来还可能发展迫击炮射侦察巡飞弹等信息化弹药；迫击/迫榴炮作为各兵种高机动伴随支援火力，保持并焕发了新的生命力。

俄国首创使用曲射火力对付近距离隐蔽目标的迫击炮最早出现于 1904—1905 年的日俄战争。20 世纪 30 年代后期，82 mm 和 120 mm 口径的迫击炮就已投入使用，后经历了卫国战争和多次改良，迫击炮被证明是一种可靠有效的火力支援身管武器。二战后中大口径 120 mm、240 mm 后装填迫击/迫榴炮等得到快速发展，进入 21 世纪又发展了 2Б25 型 82 mm 便携式无声迫击炮、М3-204 型机器人迫击炮系统等现代样机。本书从武器系统角度阐明了几类典型口径、不同使用方式迫击炮结构、配备弹药、技术维修和操作问题，是俄罗斯学者基于近

30 年的教学研究和科研工作而编写，吸取了"火炮武器"高校课程讲义、火炮武器相关教材和教学参考书的有益经验，具体以 2Б14 型 82 mm 便携式迫击炮、2С12 型（含 2Б11 型运输式/牵引式 120 mm 迫击炮）迫击炮系统、2К21 型（含 2Б9 型运输式/牵引式 82 mm 迫击炮）自动迫击炮系统为例进行说明，并提供了射击指挥自动化的新方法等研究资料。

我国自 20 世纪 50 年代开始系统性引入苏联火炮类系列教材，用其培养了我国一代代的专业人才，但此后近 70 年国内很少再出版俄罗斯火炮类教材和科研参考工具书籍，在一定程度上限制了对军事强国俄罗斯火炮专业技术新发展的了解。本译著对完善和补缺我国火炮武器装备书籍进行了有益探索，对新技术应用和火炮武器创新、全自动智能化无人化发展、全寿命周期火炮/弹药安全可靠使用及维护规范编制、火炮弹药可用及禁用规则制定等具有指导意义，适用于军事专业军官和士官的军事培训、高等学校火炮/弹药类相关军工专业教学使用，也适用于火炮武器装备设计、制造、使用、维修保障和管理等不同岗位及专业方向的工作者参考使用。

本书共分 5 章及附录 1~4。第 1 章"火炮发展简史、火炮武器的分类及其简述"，简述了火炮历史、战斗使用、武器分类；第 2 章"2Б14 型 82 mm 便携式迫击炮——'托盘'"，论述了 2Б14 型迫击炮的用途和编配、战术技术性能和使用弹药、迫击炮弹结构及发射前准备、迫击炮弹引信、弹药标志和印记、弹药发射前准备工作、2Б14 型迫击炮的总体结构及机构组件工作原理、2Б14 型迫击炮的瞄准装置、备附具、迫击炮使用安全措施、迫击炮发射前准备的工作内容和完成方法、迫击炮可能出现的故障和原因及排除方法、迫击炮发射前准备时炮手职责；第 3 章"2С12 型 120 mm 迫击炮系统——'雪橇'"，论述了 2С12 型迫击炮系统的用途和编配、战术技术性能和使用弹药、弹药基数及组成和迫击炮弹结构及发射前准备、2С12 型迫击炮系统组件机构的结构和作用原理、2Л81 型轮式牵引架、2Ф510 型运输车、2Б11 型迫击炮、使用迫击炮时的安全措施、2С12 型迫击炮系统发射前的准备工作、迫击炮可能出现的故障和原因及排除方法；第 4 章"2К21 型迫击炮系统"，讲述了 2К21 型迫击炮系统的用途和编配、战术技术性能和使用弹药、迫击炮弹药及其射前准备、2Б9 型迫击炮各组件的用途和总体结构、自动机各机构的用途和总体结构、上架各机构的用途和总体结构及作用原理、行驶装置各机构的用途和总体结构及作用原理、ПАМ-1 型光学瞄准镜系统各机构的用途和总体结构及瞄准镜的规正、2Ф54 型运输车、迫击炮发射前准备；第 5 章"火炮武器使用基础理论"，讲述了武器和军事装备使用相关定义及包含的基本概念、导弹-火炮武器投入服役及人员使用导弹-火炮武器的许可程序、导弹-火炮武器样机的技术文件及火炮/迫击炮和火炮仪器履历书的填写、火炮武器技术维护的类型和目的及期限、火炮技术装备维护时所用材料、火炮装备使用安全措施。附录1"迫击炮武器的发展前景",论述了现代战争中火炮的作战使用特点、火炮(迫击炮)连自动化射击指挥系统、迫击炮系统的现代样机;附录2为"炸药标记和炸药代号以及火药代号";附录3为"2Б14型迫击炮备附具中带插图的工具清单";附录4为"1В12型射击指挥系统"。

  本书由中国兵器工业集团有限公司首席科学家许耀峰、中国兵器工业集团有限公司科技带头人崔青春、西北机电工程研究所张世全研究员、西北机电工程研究所刘朋科研究员译著,张世全负责全书审稿,许耀峰负责总审定稿,中国兵工学会组织行业内学者专家推荐出版。本译著尊重原俄文特点,保留原文代号缩语,同时沿承我国火炮专业习惯,体现火炮技术发展趋势。鉴于译著者水平受限,书中内容难免有错误和不当之处,恳请读者批评指正。译著过程中得到了中国兵工学会、西北机电工程研究所领导的大力支持和帮助,在此对付出辛勤劳动的同志们一并表示衷心的感谢。

译著者

作者团队

А. А. 叶弗列莫夫——俄罗斯教育部门负责人，俄罗斯联邦政府财政金融大学军事教学中心副主任；

Е. И. 喀什琳娜——俄罗斯库班国立大学计算机技术与信息安全教研组副教授，历史学副博士，俄罗斯军事科学院通讯院士；

О. Ю. 喀什琳娜——俄罗斯库班国立大学讲师，技术科学副博士，俄罗斯军事科学院教授；

Ю. И. 利特温——俄罗斯联邦政府财政金融大学军事教学中心负责人，军事科学副博士，副教授，俄罗斯军事科学院教授；

总编辑 В. В. 库拉科夫——俄罗斯联邦政府财政金融大学军事教学中心教授，历史学博士，教授，俄罗斯国际科学院、军事科学院、国际旅游与地方志科学院的正式成员。

审阅人

В. А. 库彻勒——俄罗斯库班国立技术大学计算机技术与信息安全教研组教授，技术科学副博士，教授。

А. В. 纽辛——俄罗斯联邦政府财政金融大学军事教学中心高级讲师，教育学副博士，副教授。

《火炮武器》教材由 3 部分组成，其中包含深入研究火炮武器型式的内容。第一部分研究迫击炮创造和投入战斗使用的历史，它们的构造、工作程序以及各组件和装置之间的相互作用，武器和弹药的使用规则，火炮武器和弹药的操作及维修特点，火炮武器、弹药和战斗使用装置的准备程序，2Б14 型迫击炮、2К21 型迫击炮、2С12 型迫击炮系统的结构和战术技术性能。同时，指出了可能的装置故障，以及炮班或维修分队的排障方法，提出了迫击炮武器的发展前景。

本教材使用了大量的史料、照片及互联网公开的文献汇编。

本教材适用于在俄罗斯军事教学中心参与火箭军、炮兵军种预备役军官和士官军训项目的高校学生，也同样适用于俄罗斯高等军事教育组织的学员。

普罗米修斯出版社，2019

引言

俄罗斯联邦武装部队有计划地装备新型兵器和武器。早在20世纪30年代后期，82 mm和120 mm口径的迫击炮就已投入使用。它们经历了整个苏联卫国战争，经过多次改进，被证明是一种可靠有效的武器。

战后，中口径迫击炮得到进一步发展。因其使用了全新的制造材料及弹药，使该类火炮变成了强大的武器。迫击炮连是俄罗斯摩托化步兵营（空降突击营等）的主要火力单元。迫击炮系统的射程增加了一倍。随着弹药威力的增加和装填的自动化，使迫击炮射速随之提高。在现代迫击炮系统中，探测和打击敌人也实现了自动化控制。

所有这些都验证了对迫击炮系统进行仔细研究的必要性。

该教材的编写基于以下基础：高校讲授的"火炮武器"课程讲义；火炮武器相关教材和教学参考书；2Б14型、2С12型、2К21型迫击炮的操作技术说明和操作指南；1992—2018年的教学研究和科研工作。所有文献和资料来源都已在相应位置标注说明。

该教材尝试阐明迫击炮的构造和操作问题，适用于对俄罗斯民用大学火箭部队和炮兵部队等军事专业的预备役军官和士官的军事培训大纲计划。

在资料的选取上，笔者考虑到了读者可能对迫击炮历史和战斗应用问题、火炮的构造特点等较为熟悉，但不了解中口径迫击炮的结构、弹药、技术维修和操作的特点。

教材还单独提供了有关改进迫击炮系统创新领域的资料，其中包括对射击自动化和火力控制的新方法研究等。

为方便读者更好地领会教材，书中附有俄罗斯联邦中央国家档案馆的图纸、照片、文件和互联网上公开的资料。

目 录
CONTENTS

第 1 章　火炮发展简史、火炮武器的分类及其简述 …………………… 001
　1.1　火炮历史简述 …………………………………………………………… 001
　1.2　火炮的战斗使用 ………………………………………………………… 016
　1.3　火炮武器的分类及其简述 ……………………………………………… 018
　习题 …………………………………………………………………………… 021

第 2 章　2Б14 型 82 mm 便携式迫击炮——"托盘" …………………… 022
　2.1　2Б14 型迫击炮的用途和编配 ………………………………………… 022
　2.2　2Б14 型迫击炮的战术技术性能和使用弹药 ………………………… 023
　2.3　迫击炮弹结构及发射前准备 …………………………………………… 024
　2.4　迫击炮弹引信 …………………………………………………………… 028
　2.5　弹药标志和印记 ………………………………………………………… 030
　2.6　弹药发射前准备工作 …………………………………………………… 032
　2.7　2Б14 型迫击炮的总体结构及机构组件工作原理 …………………… 032
　2.8　2Б14 型迫击炮的瞄准装置 …………………………………………… 037
　2.9　备附具 …………………………………………………………………… 042
　2.10　迫击炮使用安全措施 ………………………………………………… 042
　2.11　迫击炮发射前准备的工作内容和完成方法 ………………………… 043
　2.12　迫击炮可能出现的故障和原因及排除方法 ………………………… 046

2.13　迫击炮发射前准备时炮手职责 047
习题 051

第3章　2С12型120 mm迫击炮系统——"雪橇" 052

3.1　2С12型迫击炮系统的用途和编配 052
3.2　战术技术性能和使用弹药 053
3.3　弹药基数及组成和迫击炮弹结构及发射前准备 054
3.4　2С12型迫击炮系统组件机构的结构和作用原理 059
3.5　2Л81型轮式牵引架 060
3.6　2Ф510型运输车 061
3.7　2Б11型迫击炮 064
3.8　使用迫击炮时的安全措施 074
3.9　2С12型迫击炮系统发射前的准备工作 075
3.10　迫击炮可能出现的故障和原因及排除方法 079
习题 081

第4章　2К21型迫击炮系统 082

4.1　2К21型迫击炮系统的用途和编配 082
4.2　战术技术性能和使用弹药 083
4.3　迫击炮弹药及其射前准备 086
4.4　2Б9型迫击炮各组件的用途和总体结构 088
4.5　自动机各组件的用途和总体结构及作用原理 089
4.6　上架各机构的用途和总体结构及作用原理 105
4.7　行驶装置各机构的用途和总体结构及作用原理 107
4.8　ПАМ-1型光学瞄准镜系统各机构的用途和总体结构及瞄准镜的规正 111
4.9　2Ф54型运输车 116
4.10　迫击炮发射前准备 119
习题 130

第5章　火炮武器使用基础理论 131

5.1　武器和军事装备使用相关定义及包含的基本概念 131
5.2　导弹-火炮武器投入服役及人员使用导弹-火炮武器的许可程序 133

5.3	导弹-火炮武器样机的技术文件及火炮/迫击炮和火炮仪器履历书的填写	135
5.4	火炮武器技术维护的类型和目的及期限	136
5.5	火炮技术装备维护时所用材料	137
5.6	火炮装备使用安全措施	141
习题		141

附录 143
    附录1　迫击炮武器的发展前景 143
    附录2　炸药标记和炸药代号以及火药代号 147
    附录3　2Б14型迫击炮备附具中带插图的工具清单 152
    附录4　1В12型射击指挥系统 155

参考文献 162

第 1 章
火炮发展简史、火炮武器的分类及其简述

1.1 火炮历史简述

俄语术语"Артиллерия"有 3 层含义：一是指武器种类，包括可保证射击和火力控制各种类型的火炮武器、运输工具、侦察工具；二是指科学，即研究火炮的起源、火炮武器和弹药的设计和结构问题以及它们的操作和战斗使用特点；三是指能够以火力打击敌人的兵种。对术语"Артиллерия"有多种解释。在作者看来，这个名字可能来自意大利语"arte de tirare"，意为"射击的艺术"。

14 世纪前，人们开始使用专门的投掷机（图 1.1）攻城，如木炮、床弩、弩炮、长矛投掷器、弹射器、杠杆投石器、抛石机。为了向敌人发射石头、箭和装满燃烧焦油的容器，木炮或抛石机得到了使用。为了能够攻占堡垒，人们使用能攻墙的和破坏性的机械，如攻城槌、冲锤等。

木炮投掷重箭、箭束或尖头包铁圆木（长 3~4 m）可达 300~1 000 m。在这种情况下，一根 3.5 m 长的圆木可以刺穿 150~200 m 距离的 4 排圆木围栏[①]。

床弩是一种放在轮式行驶装置上的小型可移动抛石机。床弩投掷短而粗的箭或者金属弹。普通质量 0.5 kg 的箭射程为 900~100 m，这样的箭可以穿透 15 dm 厚的圆木墙[②]。

抛石机是一种吊式投掷机，其上有按抛石机类型设的绳索环。抛石机创造于 7 世纪的拜占廷帝国[③]，如图 1.2 所示。该装置上装载重物，靠配重的重力作月。当弹丸质量 30 kg 时，投掷距离可达 140~210 m；当弹丸质量 100 kg 时，投掷距

---

① Кирпичников Л. Н. Метательная артиллерия Древней Руси（из истории средневековою оружия Ⅵ-ⅩⅤ в. в.）. Материалы и исследования по археологии СССР. 1958. № 77. С. 33.

② Агреннч А. А. От камня до современною снаряда. М. : Воениздат, 1954. С. 14.

③ Агреннч А. А. От камня до современною снаряда. М. : Воениздат, 1954. С. 16.

离可达 40~70 m①。在古代，罗斯也有类似的机器。

图 1.1　古代投掷机②

(a) 木炮；(b) 床弩；(c) 弩炮；(d) 抛石机

弩炮是一种结构复杂的大型木制投掷武器，主要类型有大型弩炮、轻型张力弩炮、弹射器等。

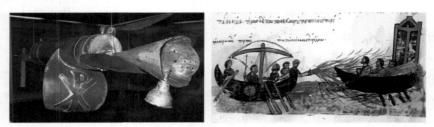

图 1.2　抛石机（左图）和拜占廷帝国海军使用虹吸管喷射"希腊火"（右图）③

弹射器不仅可以投掷石头，还可以投掷箭矢。

轻型弩炮是大型弩炮的独特变型。从公元前 4 世纪开始，它们成了战场上的主

---

① СВЭ. Т. Ⅷ. М. ：Воениздат. 1980. C. 332.
② 古代投掷武器：fishki. net/2388894 - metatelynye - orudija - drevnosti. html；yandex. ru/images/search? p＝10&text＝Древние%20метательные%20машины&lr＝213.
③ 古代投掷武器：fishki. net/2388894-metatelynye-orudija-drevnosti. html；https://pholder. com.

要打击力量，并一直使用到 15 世纪初①。质量 30 kg 的弹丸投掷距离可达 85 m，而质量 150~500 kg 的弹丸投掷距离可达 250~400 m②。

掷箭器（图 1.3）是一种强大的射箭机。它能将质量超过 2 kg 的长矛或箭矢投掷到 250 m 远的位置③。

图 1.3　掷箭器

火器的出现与火药的发明直接相关。有关火药何时产生的说法不一。有文献表明，火药出现在 3~9 世纪。同时，该文献还记载了火药最初的用法之一——一种独特的地雷④。

还有一种说法，火药是偶然间发明的。在古代的中国，僧人、炼丹术士和医师试图炼制出长生不老药，最后得到了各种不同的混合物。对这种可燃烧混合物的首次描述记载于《真元妙道要略》——一部可追溯到公元 9 世纪中叶的道教文本⑤。汉语中的"火药"一词（字面意思是"药之火"⑥），是在发现燃烧混合

---

①,②　Рождественский Н. Ф. Артиллерийское вооружение. Часть 1. Холодное и метательное оружие, огнестрельное вооружение и развитие артиллерии до начала XX века. М.：Министерство обороны, 1986. С. 68.

③　Кирпичников А. Н. Метательная артиллерия Древней Руси（из истории средневекового оружия Ⅵ-ⅩⅤ в. в.）. Материалы и исследования по археологии СССР. 1958. № 77. С 15.

④　Червонный 11. Е. От пращи до современной пушки. М.：Воениздат. 1956. С. 24；Ольга Пашута. Где и когда изобрели порох. FB. ru：http://fb. ru/article/295807/gde-i-kogda-izobreli-poroh.

⑤　Chase 2003：31-32.

⑥　The Big Book of Trivia Fun, Kidshooks, 2004.

物几个世纪后才开始使用①。也就是说，9 世纪道士和炼丹术士在寻找长生不老药时偶然发现了火药②。

根据另一个版本，火药的发现却并非偶然。在有硝酸钾（火药的成分之一）沉积物的地区，火灾或生火后留下木炭，它与硝酸钾混合，有时（取决于比例）会爆炸。人们注意到这种情况并开始运用它。随后又在混合物中添加了硫黄。硝石、木炭、硫黄以 75：15：10 的比例制成的混合物被称为火药。在古代罗斯，它被称为"зелье"（意为魔药）③。

最早的火器出现在 7 世纪，由竹筒做成④。火器的改进过程持续了几个世纪。火药被用于各种类型的武器和弹药，如火焰喷射器、火箭、炸弹⑤。众所周知，1232 年在蒙古人围攻开封府时，金兵用火炮发射石球、投掷炸弹进行防御（图 1.4）。

图 1.4　1232 年蒙古人围攻开封府⑥

火器和火炮武器在 12 世纪末 13 世纪初传播开来⑦。起初，这些是带有开式或可拆卸式后膛的滑膛火炮。

在欧洲，火器从摩尔人和阿拉伯人那里传给了西班牙人。阿拉伯人使用玛德菲（модфы 或 мадфы），意为后膛埋在地下的"火管"。他们发射一种称为班多

---

① Peter Allan lorge（2008），The Asian military revolution：from gunpowder to the bomb.
② Needham 1986, C. 7；Buchanan 2006, C. 2.
③ Рождественский Н. Ф. Артиллерийское вооружение. Часть 1. Холодное и метательное оружие. огнестрельное вооружение и развитие артиллерии до начала XX века. М.：Мии. обороны, 1986. C. 79.
④ Агренич А. А. От камня до современного снаряда. М.：Воениздаг. 1954. C. 23.
⑤ Мао Цзо-бэнь. Это изобретено в Китае/Перевод с китайского и примечания А. Клышко. М.：Молодая гвардия. 1959. C. 35-45；Jack Kelly Gunpowder：Alchemy. Bombards, and Pyrotechnics：The History of the Explosive that Changed theWorld. Perseus Books Group：2005. P. 2-5. ISBN：0465037224. 9780465037223.
⑥ Эволюция современного патрона. http：//qriosity. ru. 12. 12. 2013.
⑦ Энгельс Ф. Избранные военные произведения. T. I. М.：Воениздат, 1971. C. 256. Порох// Объекты военные Радиокомпас/［Под общ. рел. Н. В. Огаркова］. М.：Военное изд-во М-ва обороны СССР. 1978. (Советская военная энциклопедия：［в 8 т.］；1976-1980, т. 6).

克（бондок，意为坚果）的子弹①。这种火器的射程长达 200 m，口径通常超过 20 mm（因为较小口径的身管难以制造②）。

在海上，阿拉贡人在 1200 年首次使用火器对付安茹舰队。这些火器就是所谓的"雷管"（意大利语 cannuncole）。

1281 年，编年史《Cronache forlivesi》中已经提到了轰炸，且在 1304 年就有报道称，当时服务于法国君主的热那亚海军上将拉涅罗·格里马尔迪，在船上使用了 1 俄磅的火炮（意大利语 springarda）。

对斯拉夫人来说，火器和火炮几乎是同时出现的。然而，由于中世纪一些文献资料的丢失、损毁和更换，无法确定火炮在俄罗斯出现的确切日期。火炮的首次记载（其中提到了火炮系统的原型）出现在可汗托赫塔姆什袭击莫斯科的时期。根据史书记载，在顿河王德米特里领导反抗鞑靼可汗围攻莫斯科期间，锻造火炮"秋发克"③（来自波斯语突班克）于 1382 年（8 月 23 日星期一④）首次使用。

本书单独对虹吸管这样的古代兵器进行讲解。史书记载，7 世纪古希腊人在"希腊火"的帮助下烧毁敌军战舰。"希腊火"不是火药，而是一种可燃液体，它是从一种特殊装置——虹吸管中释放出来的。这种投掷装置是古代建筑师卡林尼克在 673 年设计的，因此"希腊火"有时被称为"卡林尼克火"⑤。

"希腊火"成分被保密了 600 多年。据推测，它可能包括硝石、硫黄、石油、树脂和煤炭等成分。鉴于历史上，古代罗斯和拜占廷帝国在各个领域都有往来，罗斯人很可能也掌握着"希腊火"的秘密，并在各种战斗中使用它。

15 世纪末，炮兵被编成支队和小组，形成了炮兵部队的雏形。此时，作为一个独立兵种，其武器和士兵分配有了质的改进，如图 1.5 所示。

当时火炮装配的弹丸主要是石弹，装药是火药心（细黑药粉）⑥。

到了 16 世纪，由于制造技术的进步，火炮开始出现在世界各国的军队中。

火炮本身通常分为 3 个部分：炮口部、转轴部（中间部分）和炮尾部。"炮尾"的名称是通过火炮炮尾刻的相应国家（政府）印章来决定。在炮口部上有"带"——装饰性的带状雕刻，其上写着工匠和订货人的姓名、火炮

---

① Чельцов И. М. Порох//Энц. словарь Брокгауза и Ефрона：в 86 т.（82 т. и 4 доп.）. СПб.，1890-1907.

② Рождественский Н. Ф. Артиллерийское вооружение. Часть I. Холодное и метательное оружие, огнестрельное вооружение и развитие артиллерии до начала XX века. М.：Мин. обороны. 1986. С. 106.

③ Мудрогин И. Д. и др. Славные традиции артиллеристов. М.：ЦДСА. С. 2.

④ Федоров В. Г. К вопросу о дате появления артиллерии на Руси. М.，1949. С. 5.

⑤ Греческий огонь//Энц. словарь Брокгауза и Ефрона：в 86 т.（82 т. и 4 доп.）. СПб.. 1К90-1907.

⑥ Федоров В. Г. К вопросу о дате появления артиллерии на Руси. М.，1949. С. 58.

的制造日期。火炮中间部分有专门的打高火炮把手（"海豚"）和耳轴（转轴）——用于将火炮在垂直平面内打高的圆柱形凸座。炮尾的后部称为座盘，而座盘中心的凸座被称为"葡萄"或"刺球"。它的作用是移动和拆卸炮身。

图1.5 圣彼得堡炮兵、工程兵和通信兵军事历史博物馆展示的15—16世纪炮兵、工程兵和通信兵的武器①

火炮上装饰着各种图案，如童话和神话形象、动物和植物。

根据炮口部用作瞄准准星的装饰给每个火炮起了不同的名字，如"阿喀琉斯王""大熊""俏皮的小姐""馅饼""炮王"②。"炮王"（图1.6）之所以得名，是因为其炮身上刻画了骑在马背上的沙皇费奥多尔·伊万诺维奇。它是当时世界上口径最大的火炮。该炮炮口处的内径为890 mm，铁质弹丸质量达到1 970 kg，石弹质量可达819 kg。

长期以来，加农炮是火炮武器的主要类型。在古罗斯，它们被称为火绳炮。随后，又出现了另一种类型的火炮——榴弹炮。针对榴弹炮发明了一种爆炸性弹丸。

---

① 圣彼得堡炮兵、工程兵和通信兵军事历史博物馆.
https://yarodom.livejournal.com./I929l47.html；Леонид Кузнецов.
http://technomuzei.ru；Молись богам войны артиллеристам（с）.
https://zamok.druzya.org.
② Рождественский Н. Ф.. Артиллерийское вооружение. Часть I. Холодное н. метательное оружие, огнестрельное вооружение н развитие артиллерии до начала XX века. М.：Мин. обороны. 1986. С. 115.

第 1 章 火炮发展简史、火炮武器的分类及其简述

图 1.6　1586 年由安德烈·乔赫夫设计铸造的口径 890 mm 的"炮王"①

除了加农炮和榴弹炮，火炮型号还包括臼炮，以及许多其他类型的小口径火炮。铁制弹丸和铅制弹丸逐渐取代石弹。

16 世纪下半叶的欧洲，用于防御、攻城和海军炮兵部队的火炮炮身开始采用铸铁铸造，轻型野战炮整体采用青铜铸造。同时，还出现了第一批带有可变截面炮身的火炮。该炮炮身可向炮口部收缩，使火炮能够实现更好的闭气，以防火药气体泄漏。

与此同时，古罗斯制造出了一门口径 42 mm 的火绳炮——"三条眼镜蛇"。它在约瑟夫·沃洛科拉姆斯克修道院（Иосифо-Во-локоламского монастыря）服役。这是世界上首次在火绳炮的炮膛中使用膛线，并采用来自炮尾的旋入式螺旋锁定——螺式炮闩的雏形②。

火炮工匠们的一项伟大成就是发明了装满炸药的弹丸——炸弹。为了防止在炮膛内爆炸，弹丸内部涂上了树脂。这种弹药被称为"火药罐"。质量小于 1 普特（约 16.38 kg）的爆炸弹丸被称为榴弹，大于 1 普特（约 16.38 kg）的被称为炸弹③。

燃烧弹使用预先在火堆中烧红的石弹和铁弹。它们能够点燃木制防御工事。后来弹丸被涂上可燃混合物，或用大麻、羊毛、绳索填充，用硫黄、硝酸钾和树脂浸泡。燃烧弹通过发射或主装药点燃。16—17 世纪的火炮如图 1.7 所示。

---

① Вячеслав Касаткин.
https://yandex.ru/images/search?tcxt=вячеслав%20касаткин%20царь%20пушка；
https://www.goodfon.ru/download/car-pushka-kreml-moskva/1920x1200/.
② Рождественский Н. Ф. Артиллерийское вооружение. Часть I. Холодное и метательное оружие, огнестрельное вооружение и развитие артиллерии до начала XX века. М.：Мин. обороны, 1986. C. 116.
③ Агренич А. А. От камня до современного снаряда. М.：Воениздат, 1954. C. 34.

图 1.7　16—17 世纪的火炮[1]

在 17 世纪，榴弹炮开始取代臼炮（图 1.8），同时还引入了塞满炸药的木管炸弹。

彼得一世对武器进行了根本性的改革，他按类型和口径对火炮武器进行了序列化。在此之前，军队中存在 100 多种口径。彼得一世将它们减少到 8 种，并制造出了世界上最好的火炮。所有工厂和武器库都按照统一的图纸生产加农炮及其弹药[2]。1707 年，随着口径和火炮质量概念的引入，人们开始以火炮磅数来划分火炮类型。1 俄磅的质量即 2 inch（50.8 mm）铸铁弹的质量，等于 115 佐洛特尼克（俄国旧质量单位）——约 480 g（不同于贸易所用的 1 俄磅≈409.5 g）。这样的弹丸被称为 "1 磅弹"。

彼得一世的助手、才华横溢的机械师 A. K. 纳尔托夫在 1744 年开发了超口径弹丸的使用原理[3]。3 俄磅（76 mm）火炮（图 1.9）能够发射 6 俄磅（约 2.88 kg）的弹丸，而 12 俄磅（120 mm）火炮能够发射 2 普特（约 32.76 kg）的弹丸[4]。

---

① 克里姆林宫的火炮. http://avtoinetolko.ru/2017/03/pushki-moskovskogo-kremlya/comment-page-1/.
② Прочно П. С. История развития артиллерии. М.：Артакадемия. 1945. C. 81.
③ ЦГВИА. Ф. 24. Св. 25. 1743 г.，д. 3.
④ 如前所述，彼得一世在 1707 年引入了一种弹丸——铸铁球，直径 2 inch（50.8 mm），质量约 480 g（115 佐洛特尼克）。随后采用了一种新的计量系统，根据该系统，3 俄磅对应 76 mm、6 俄磅对应 96 mm、12 俄磅对应 120 mm、18 俄磅对应 137 mm、24 俄磅对应 152 mm、60 俄磅对应 195 mm。

第1章 火炮发展简史、火炮武器的分类及其简述

图1.8 A.K. 纳尔托夫在1741年设计的44个炮身的曰炮

图1.9 A.K. 纳尔托夫在1744年设计的3俄磅火炮[1]

一种名为"独角兽"的火炮（图1.10）成为火炮武器历史发展中革命性的象征。该火炮是带有锥形药室的加长榴弹炮。俄国军官 М.В. 达尼洛夫上尉、М.Г. 马尔丁诺夫中校开发了"独角兽"火炮，И.И. 梅列拉上尉、М. 洛日诺夫上尉、М. 朱可夫上尉、И.В. 德米多夫上尉和工匠斯捷潘诺夫、康斯坦丁诺夫和科皮耶夫也积极参与到研制中[2]。

图1.10 俄国的"独角兽"火炮[3]

---

[1] 圣彼得堡炮兵、工程兵和通信兵博物馆. 第二部分. 室内展览. https://harmfulgrumpy.livejournal.com/240306.html.

[2] История отечественной артиллерии. Т. I. кн. 2. М., 1962. С. 262.

[3] Гербы дворянских родов России/Авт. -сост. Е. А. Агафонова, М. Д. Иванова. М.: СП《Лексика》. 1991; Малороссийский вестник Санкт-Петербурга.
http://maloros.org/proekty/; 6-фунтовая пушка. http://sibcria-miniatures.ru; Пушки. https://ru.depositphotos.com.

"独角兽"这个名称来源于彼得·伊万诺维奇·舒瓦洛夫的徽章上描绘的神话动物,此人是炮兵司令官(自1756年起)、俄国陆军炮兵总司令、俄国政府首脑之一。

早期火炮座盘都铸造成独角兽和海豚的样子。

舒瓦洛夫家族的徽章是一个盾形徽章。盾牌被分为不对称的两部分:徽章下部(占较大部分)的红色背景里有一只独角兽。在盾牌中央有一个特殊的皇家坎帕斯基标志,其上绘有星星和"格林纳达"。所有皇家坎帕斯基人的共同点:他们佩戴的徽章上都绘有头戴羽毛的士兵和翅膀,写有"为了忠诚和热忱"的座右铭(其中热忱指"勤勉""热心的服务")。盾牌两侧护持有独角兽和狮鹫(在传统的象征意义中,它们具有守卫的意思)。盾牌上方是伯爵的王冠,顶部有三顶盔形帽;中间的盔形帽下方、也就是伯爵王冠的上方有一只老鹰;最右边的盔形帽下方是皇家坎帕斯基帽,其上方有一对张开的翅膀,每边翅膀上都有三颗星[1]。

这些火炮总体上的构造是相同的,仅在口径大小和所用弹丸上有所不同。它们兼具加农炮和榴弹炮的特性,即火力发射可以是低伸的(加农炮),也可以是曲射的(榴弹炮)。这些火炮于1757年在俄国军队开始服役。

"独角兽"火炮不再使用带有前瞄准器的切槽,而是使用丘特切夫上校发明的屈光瞄准器[2],这显著提高了火炮瞄准的准确性。该火炮改进了瞄准机,使用了药包(粗麻布袋)装药,并装备了速射芦苇管(或鹅毛管),使射速提高了1.5~2倍,能够达到每分钟一发[3]。在引入药包装药和速射管之前,火炮的射速已经有所提升。火药通过一种特殊装置——前檐(运弹槽)装填,被倒入炮身中,用冲头压实,之后将弹丸装进去,然后将火药心倒入点火孔中。

由于"独角兽"火炮的质量减少了50%~60%,使得其炮身和炮架质量更轻,从而机动性变得更强了[4]。

"独角兽"火炮可发射各种类型的弹丸,如球形弹丸、爆炸弹丸、霰弹、燃烧弹、催泪弹,其射程是其他火炮的两倍。

随着舒瓦洛夫的"独角兽"火炮的使用,使俄国军队拥有了当时最好的加榴炮。"独角兽"火炮服役了大约100年,并被西欧的许多国家引进。

1805年引入了"1805系统"。它为野战火炮设计了3种"独角兽"火炮和3种加农炮。火炮、弹药和配件开始按统一的图纸制造,公差和间隙规定更加严

---

[1] Герб рода графа Шувалова. https://gerbovnik.ru/arms/1974;Шуваловы//Энциклопедический словарь Брокгауза и Ефрона: в 86 т. (82 т. и 4 доп.). 1890-1907.

[2] История отечественной артиллерии. Т. 1, кн. 2. Л. ;1960. C. 173.

[3] 后来的速射管由金属制成。它们预先填满火药,插入点火孔并用灯芯或烧红的火棍点燃。

[4] История отечественной артиллерии. Т. 1. кн. 2. М. . 1960. C. 209.

格。火炮上的装饰消失了，除了"腰带"和饰带雕刻，火炮中间部分的把手和脚盘处的凸座都变得光滑。依次采用了3种A. И. 马尔科维奇设计的瞄准器。火炮组件中引入了不同设计的双轮前车（用于运输弹药）。俄国火炮型号在战术技术性能方面超过了当时世界主要大国——法国、英国、奥地利、普鲁士和其他国家的所有火炮型号①。

舒瓦洛夫设计的一个重要成果是用于对抗步兵和骑兵的榴弹炮（图1.11）。它的制造委托给了穆辛·普希金少校和工匠斯捷潘诺夫。这种榴弹炮从1754年到1762年在俄国军队服役。这是一个秘密项目。在驻地范围之外，炮身被盖上罩子，这样敌人就不会知道制造炮身和药室的秘密。炮膛横断面在水平方向上扩展（达3倍口径）。发射时霰弹像扇子一样飞舞，击中敌人密集的队伍。

图1.11 俄磅的火炮"布利兹尼达"（1741年）（左图）和
炮兵总司令舒瓦洛夫的秘密榴弹炮（1787年）（右图）②

19世纪初，俄国军队的火炮弹药由杀爆弹或穿甲弹组成。这些是弹丸、爆炸性球形炸弹和质量超过1普特（约16.38 kg）的手榴弹（通常手榴弹更轻）、燃烧弹、照明弹和信号弹。使用定装式弹药——发射药和弹丸位于同一药包里。

1803年，英国炮兵军官什拉普列里提出了用子弹填充榴弹的想法。通过这种方式，在弹丸中添加火药，爆炸冲击力使榴弹发射到超过500 m远的距离。

19世纪初，俄国炮兵开发了火箭来消灭敌人。但由于射程短，精度低，它没有被大规模生产。同一时期的英国开始生产并使用军用火箭。在英国之后，俄罗斯、法国和其他国家的军队也开始使用军用火箭。

---

① Кутузов ММ. Документы Т. Ⅳ, часть Ⅰ, М. ：Воениздат, 1954. С. 168.
② 舒瓦洛夫的秘密榴弹炮.
http://zakon-promezhutka.blogspot.com/2015/03/sekretnaja-gaubica-shuvalova；圣彼得堡炮兵、工程兵和通信兵博物馆. 第二部分. 室内展览. https://military-museum.livejournal.com/17002.html；html？m＝1warweapons.ru；2012年11月19日，火箭军和炮兵节. http://paraparabellum.ru/armiya/den-raketnyx-vojsk-i-artillerii/.

1853—1855 年战争期间，俄国军队采用炮兵中将 К. И. 康斯坦丁诺夫设计的火箭（图 1.12）。

图 1.12　炮兵中将 К. И. 康斯坦丁诺夫设计的火箭[①]

随着线膛炮的引入以及火炮射击精度和射程的显著提高，军用火箭被放弃了。

俄罗斯科学院院士 И. Г. 列伊特曼（1728 年）首次验证了制造线膛火炮和弹药的重要性，为线膛炮打下了理论基础。后来，英国人 B. 罗宾斯（1742 年）、撒丁岛将军扎万尼·卡瓦利、德国人列伊赫巴赫等人继续研究这些问题[②]。

第一门线膛炮出现在 17 世纪的罗斯（"三条眼镜蛇"）。19 世纪的技术进步提供了从另一个层面看待这个问题的可能性。19 世纪下半叶，研发和制造线膛火炮方面的理论研究达到了高潮。同一时期，俄国人 B. C. 巴拉诺夫斯基、英国人兰开斯特以及阿尔姆斯特朗克和温沃尔特、意大利人卡瓦尔都在进行线膛炮的研发工作。

相对于滑膛炮，线膛炮最大的优势是能够使用细长形弹丸。该弹丸质量比球形弹丸大 2~2.5 倍，因此大大增加了弹丸的威力。除此之外，这种弹丸的旋转运动为弹丸的飞行提供了良好的稳定性和精度（是球形弹丸的 5 倍以上），而且射程也显著增加[③]。

由于无烟火药和细长弹丸的使用，弹丸发射能够达到很高的初速，射程也提高了。

---

① Козловский Д. Е. История материальной части артиллерии. М. 1946. С. 141；
Прочко И. С. История развития артиллерии. Т. 1. М. ：Артакадемия. 1945. С. 331.
② 芬兰军队中的康斯坦丁诺夫火箭。https://glushenko1979.livejournal.com/98260.html.
③ СВЭ. Т. 5. М. ：Воениздат, 1978. С. 496.

至于线膛炮的弹丸，最初使用的是铅弹，后来使用的是钢弹，并在弹体上固定了铜制弹带，赋予弹丸旋转运动和飞行稳定性。

发射装药也得到了改进。俄罗斯科学家、中将 Г. П. 金斯涅姆斯基开发了一种制造增面燃烧火药的技术，并研发了一种火药稳定剂——二苯胺。

1887 年，法国人丘尔涅发明了一种新型炸药——梅里尼特炸药，开始用于弹丸。

无烟火药的使用，是提高射速的先决条件。与使用黑火药相比，无烟火药能使火炮射程增加一倍。

1870—1871 年，法国人雷菲研制并首次测试分装式药筒，这使简化火炮装填并提高其射速成为可能。俄罗斯发明家 B. C. 巴拉诺夫斯基研制了首门带膛线的、单身管的速射炮——2.5 inch（63.5 mm）加农炮。1872—1877 年，С. Б. 卡明斯基教授制造了一种带反后坐装置、螺式炮闩和光学瞄具的火炮。新型火炮的弹药是由药筒和弹丸组成的整装弹。由于配备了反后坐装置，所以火炮可以准确快速地射击（火炮瞄准几乎不会偏离，瞄准手可以在 2~3 s 内将其归位，火炮又可以准备好重新射击）。

俄国的硝化棉火药于 1887 年由 Д. М. 门捷列夫和奥赫滕斯基火药厂的一群工程师发明。在法国，这种火药是 1884 年由 P. 维里发明的。1888 年瑞典研制出巴里斯金特火药；19 世纪末英国研制出科尔金特火药[①]。

在 B. C. 巴拉诺夫斯基和 H. A. 扎布卢茨基奠定的基础上，1902 年俄罗斯制造出了 76 mm 野战炮，即著名的俄罗斯"3 英寸炮"，这门火炮的射速为 12 发/min。为了对抗装甲炮塔，C. O. 马卡洛夫发明了由坩埚铬钢制成的、带风帽的穿甲弹。

1904—1905 年日俄战争期间，军官 B. H. 弗拉斯耶夫和 Л. H. 戈比亚托（图 1.13）首次开发了迫击炮。这是白炮构造原理及应用的重大突破。第一次世界大战中服役的迫击炮口径为 20~340 mm。

20 世纪初，弹丸主要是一种装有三硝基甲苯（TNT）或梅里尼特炸药的高爆榴弹。该弹丸使用触发引信（信管）和定时触发引信来引爆。

第二次世界大战开始前，所有火炮结构包括线膛身管、带大架和驻锄的无后坐炮架、带横向水准器和测角器的弧形瞄具、无烟火药装药、炮尾装填的整装弹、螺式或楔式炮闩。

第二次世界大战期间出现了第一批自行火炮（火炮坦克）和火箭炮。

这些成就极大地促进了俄产火炮的进一步发展。战争开始时，红军炮兵部队作为最训练有素的部队之一，确保了战场上的主要胜利。

---

① http://www.mendeleevsk.info/luboznalka-detail47.html.

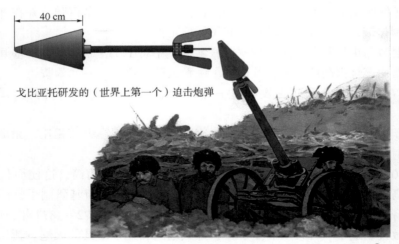

图 1.13　Л. Н. 戈比亚托上尉在 47 mm 海军炮基础上研发的迫击炮①

在苏联卫国战争期间，苏联开发了新的、敌军和盟军都没有的火炮系统，如 ЗИС-2 型 57 mm 加农炮、ЗИС-3 型 76 mm 加农炮、Д-1 型榴弹炮等。

自行火炮装置的雏形是坦克火炮——履带底盘上的火炮，它们在战场上与坦克一起行动。这些火炮性能并不逊于敌方的，而且在许多方面它们都更胜一筹。

战争年代出现的另一种火炮是火箭炮。在 19—20 世纪，火箭武器理论发展的开始应该与这些俄国军事科学家和发明家的名字联系在一起，如 А. Д. 扎夏特阔、К. И. 康斯坦丁诺夫、阿尔乔姆耶夫、Ф. А. 萨杰罗、С. П. 卡拉廖夫、К. Э. 齐奥尔科夫斯基、Н. И. 季霍米罗夫、Г. Э. 朗格马克、Б. С. 彼得罗帕夫洛斯基等。

起初，火箭作为武器并未广泛应用于军事冲突，其原因是它们的射程短且精度不高。此外，在很长一段时间内（将近 500 年），黑火药被用作喷气发动机的燃料，它不能提供必要的能量且不能完全燃烧。俄国科学家在固体燃料领域的研发使得制造出一种强大的现代武器成为可能，为战胜纳粹德国做出了重大贡献。

正是在苏联卫国战争开始前几个小时，苏联政府使用了 БМ-13 型火箭炮（图 1.14）。最初，火炮部分安装在 ЗПС-6 型战车（132 mm 火箭弹）和 Т-40 轻型坦克（82 mm 火箭弹）上。后来，它还安装在通过租借协议得到的载重汽车底盘上，以及苏联 ГАЗ-АА 型载重汽车上。

值得注意的是，德国纳粹军队对苏联发动进攻时，装备了各种型号火箭炮，

---

① Миномет Гобято. http：//www.bazuev.spb.ru/P_A_Minomet.htm；Русские изобретатели минометов https：//svpressa.ru/post/article/112977/.

并且被编成 5 个团和 6 个师。与此同时,苏军只有一个由 7 门火箭炮组成的连。然而,战斗力量和策略的对比变化很快。到苏联卫国战争结束时,苏军有几个总队、旅和单独的师,而德军司令部则将 6 个团分为 3 个师,但是这些师没有集中使用,而是作为炮兵营的一部分在战场上支援步兵部队。与之相比,苏军部队通常集体行动,并与炮兵团叠加执行火力任务。当时苏军共组建了 10 个师、22 个旅、138 个团[1]。

图 1.14　БМ-13 型火箭炮[2]

第二次世界大战后,新型火箭武器的研究仍在继续。1952 年,苏联研制的 БМ-14 型和 БМ-21 型火箭炮采用 140 mm 涡轮喷气式弹,射程可达 9 800 m,如图 1.15 和图 1.16 所示。

图 1.15　БМ-14 型火箭炮

---

[1] Александр Широкорад. Артиллерия в Великой Отечественной войне. Приложение № 5. М.：АСТ, 2010. C. 125.

[2] 喀秋莎火箭炮. http：//armedman.ru/artilleriya/1937-l945-artilleriya/boevaya-mashina-reaktivnoy-artillerii-bm-13-katyusha.html；
Военное дело. https：//www.anaga.ru/istoriya-katyushi.htm.

图 1.16　БМ-21 型火箭炮[1]

目前，俄罗斯军队拥有 122 mm、220 mm 和 300 mm 口径的现代化多管火箭炮系统。这些火炮的射程为 20~100 km，甚至更远。

因此，在整个 20 世纪，俄产火炮蓬勃发展。武装部队和分队中出现了全新的装备型号，这使得俄罗斯人在历史的各个阶段都能够抵抗各种企图破坏稳定的分子和势力，打消他们的侵略意图。

1.2　火炮的战斗使用

随着新式火炮武器的创造和改进，同时发展了火炮使用条件和使用规则。

莫斯科帝国大学教授 И. Д. 别利亚耶夫在他的著作中，根据枪炮工坊官厅的记录（回忆、复文、命令等）描述了俄国军队的炮兵如何为 17 世纪的战役做准备（根据 1632—1634 年斯摩棱斯克战役相关的文件）。作者指出，到米哈伊尔·费奥多罗维奇统治时期，"火力执勤组"已经划分为"防御组""进攻组"和"团组"。

沙皇伊凡四世于 1547 年第一次将火炮交给他所创建的射击团，这是炮兵"团组"最早的记载。

后来瑞典国王古斯塔夫·阿多里夫也将炮兵分为 3 组，即重型火炮兵组、伴随炮兵组和火炮团组。机动炮被分配给团组。

彼得一世进行了多项军事改革，他将炮兵单独列为武装力量的一个独立分支，并按照战斗使用的原则，将其划分为团组、进攻组和防守组（驻军）。

彼得一世使用的火炮机动性更强、速度更快。在组织上，彼得一世把野战炮兵并入炮兵团，并设立了世界上第一支骑兵炮兵。在欧洲其他国家，这种炮兵部队 100 年后（即 18 世纪末到 19 世纪初）才出现。

彼得一世把火炮型号的外形和类型进行了序列化分类。在超过 25 种火炮（火绳炮、加农炮、霰弹炮、骑兵炮、榴弹炮等）中，只有 3 种仍继续服役，即

---

[1]　Военное дело. https：//www. anaga. ru/bm-14-16. htm.

加农炮、榴弹炮和臼炮①。

著名的俄罗斯将军 П. А. 鲁缅采夫、П. С. 萨尔蒂科夫、А. В. 苏沃洛夫钻研了许多火炮在战场上的使用战术。

库涅尔斯多尔夫战斗的参与者——К. Б 波罗斯季诺将军根据 1757—1759 年火炮战斗使用的经验编写过一本手册,其中反映了战术、射击和火炮火空的问题。

1812 年俄国卫国战争前,才华横溢的炮兵 А. И 库塔伊索夫在以往战争经验的基础上,制定了《野战炮兵总则》手册。手册第 6 条写道:"几乎无一例外,可以认为,当我们打算进攻时,我们的大部分炮兵应该对敌方炮兵进行攻击;当我们受到攻击时,那么我们的大部分炮兵应该对敌方的骑兵和步兵采取行动。"

1812 年俄国卫国战争期间,炮兵先是用火力攻击步兵和骑兵,然后继续行动进攻。随后,炮兵预备队开始建立,建立的基础是需要足够多的火炮。通过组合大量火炮(最多 100 门),实现了大规模火炮射击。此时,俄国炮兵部队第一次成功从封闭的位置射击法国军队。

20 世纪初的战争为火炮的作战使用提供了丰富的资料。

战争强调了搜集敌人数据的困难程度,同时也证明了配备良好光学仪器的炮兵侦察的必要性。炮兵元素首次体现在了为进攻行动的准备上,并通过火力优势确保了成功。

日俄战争期间,俄军炮兵快速机动,占领射击阵地,以火力阻击敌军前进。

炮兵改进了封闭射击阵地的发射模式。改进后射击阵地位于战壕中的高脊后面,以达到炮兵隐藏位置不被敌人发现的目的。指挥官在保证炮兵部队生存力的同时,能出其不意打敌人个措手不及,让其败下阵来。

炮兵是在位于高地山脊的观察哨上执行侦察任务的。炮兵将探测到的目标标在地图上,分析情况,破开敌方阵型,向敌方开火。

战争强调了确定敌军部队和武装力量实际位置的难度,说明炮兵侦察不仅需要配备良好的仪器,而且还需要创新侦察方法。俄国上尉别亚首次发现了可以通过射击的声音发现目标的侦察技术。随着航空技术的发展,出现了一种新型的侦察方法——空中侦察。在飞艇和飞机的帮助下,监视敌人并调整火炮火力输出。

日俄战争的经验表明,要想炮兵作战成功,优秀的战术作战比使用大量的炮兵群更为重要。这些炮兵巧妙地隐藏并及时改变射击位置,可以最先发现敌人的射击阵地并对他们的火炮造成毁灭性打击。

火炮的发展历史表明,火炮科学技术成就不是一日之功,而是经过千锤百炼而来的。火炮的根本变化始于材料的发展,而材料的发展也促进了弹丸的研发。

---

① История отечественной артиллерии. Т. 1. Кн. 2. М., 1960. С. 15.

随着射程的增加，火炮需要配备更为先进的设备来满足射击精度、火力控制和通信联络的要求。

新研究出的瞄准和射击方法推动了线膛炮发射统一规则的制定。根据火炮战斗使用的经验，开发了新的使用方法。在与各类部队和航空力量的配合下，火炮能够解决重要的战术和火力任务，成为火力摧毁敌人的重要手段之一。

1.3　火炮武器的分类及其简述

火炮这个概念意为武器、运输方式、射击保障和火力控制的综合体。火炮武器按照不同的分类方法进行划分，具体介绍如下：

- 加农炮、榴弹炮、迫击炮、无坐力炮、战车（发射装置-ПУ）、反坦克导弹（ПТУР）和火箭炮[①]；
- 火炮弹药和枪械弹药；
- 火炮运输方式——轮式、履带式和牵引式等；
- 火力控制装置；
- 侦察和射击方式；
- 所有类型的射击武器、榴弹发射器。

此外，如前所述，俄语中的"артиллерия"一词还可用于表示兵种，以及火炮武器构造、设计、开发、操作和维修的科学，火炮武器战斗特性，射击方法和战斗使用。

按照不同类型还可分为陆军火炮部队和海军火炮部队。

陆军火炮部队——与陆军部队（分队、军团、编队和联队）一起服役的炮兵部队。它分为队属炮兵（在西方国家称野战炮兵）和最高统帅部预备炮兵。

根据任务不同，陆军火炮部队的炮兵可分为地面炮兵（用于摧毁地面目标）和高射炮兵（用于摧毁空中目标）。高射炮兵也可用于向地面（水面）目标射击。

炮兵按组织编制和人员编制划分为营属炮兵、团属炮兵、师属炮兵、军属炮兵和集团军属炮兵。

营属炮兵是指直属于营指挥的在编炮兵部队。营级装备有反坦克炮、迫击炮和反坦克导弹。以"机动和火力"直接伴随和支援摩托化步兵分队（坦克分队、空降兵分队等）。

团属炮兵是指直属于摩托化步兵团（坦克团、空降突击团等）指挥的炮兵部队。他们装备有牵引和自行火炮（迫击炮）及反坦克导弹。团属炮兵旨在为

---

① 火炮型号的分类．https://ozlib.com/835518/tehnika/klassifikatsiya_artilleriyskih_sistem_harakteristika；http://armedman.ru/stati/klassinkatsiya-i-naznachenie-artillerii.html.

团的利益完成火力任务，并加强在主要作战方向上营的力量。

师属炮兵是指直属师的在编炮兵部队和分队。通常，这是一个炮兵团，装备有 122~152 mm 口径的自行式和牵引式火炮（迫击炮）、火箭炮和反坦克导弹。师属炮兵旨在为师的主要利益完成火力任务，并加强在主要作战方向上摩托化步兵分队（坦克分队、空降兵分队等）的力量。

集团军属炮兵（军属炮兵）是指直属于集团军属指挥或陆军指挥的炮兵军团和分队。他们装备有远程火炮系统、火箭炮、反坦克炮和反坦克导弹。集团军属炮兵旨在为集团军属（军团）的主要利益完成火力任务，并加强在主要作战方向上师的力量。

最高统帅部预备炮兵是指不属于联合兵种编队和联队的炮兵编队。他们装备有 122~152 mm 口径的火炮型号，以及大型和特殊威力的武器（152 mm、203 mm、240 mm 和 300 mm 口径的加农炮、榴弹炮、迫击炮、多管火箭炮系统）。最高统帅部预备炮兵旨在加强联合兵种编队、联队和军团的力量。

单设海军火炮部队是指与舰船（舰炮）和岸防部队（岸防炮）一起服役。它旨在摧毁海上、空中和地面目标。经常使用"海军炮兵"一词。

迄今为止，火炮有以下分类[①]：

按照用途划分为通用火炮、反坦克炮和高射炮。

按照口径划分为小口径火炮（20~57 mm）、中口径火炮（76~152 mm）、大口径火炮（152 mm 以上）。

按照自动化程度划分为自动炮、半自动炮和非自动炮。

按照弹道特性划分为加农炮、榴弹炮、加农榴弹炮、榴弹加农炮、火箭炮、反坦克火箭系统和迫击炮。

加农炮兵是指装备有加农炮的炮兵部队，任务是摧毁地面、水面和空中目标。加农炮兵组成高射炮兵、坦克炮兵、海军炮兵以及航空兵炮兵。

在陆军部队中，加农炮包括 MT-12 型 100 mm 反坦克炮、M-46 型 130 mm 加农炮、2A36 型"风信子"152 mm 加农炮、2C7 型"芍药"203.2 mm 自行加农炮等。

榴弹炮兵是指装备有榴弹炮的炮兵部队，用于摧毁暴露和隐蔽的目标，以及破坏野战防御工事。火炮用分装式装药射击，以此提高弹道机动性。榴弹炮包括 Д-30 型 122 mm 榴弹炮、2C3 型 152 mm 自行榴弹炮、2C12 型 152 mm 自行榴弹炮"姆斯塔"等。

除了加农炮和榴弹炮，还有加农榴弹炮和榴弹加农炮。它们在不同程度上结

[①] Иванов В. А., Горовой Ю. Б. Устройство и эксплуатация артиллерийского вооружения Российской Армии：Учебное пособие. Тамбов：Изд-во ТГТУ, 2005. С. 7；火炮武器的分类及其简要说明. https://my-biblioteka.su/tom2/10-128576.html.

合了加农炮和榴弹炮的特性。例如，МЛ-20型152 mm榴弹加农炮、Д-20型152 mm加农榴弹炮等。

火箭炮兵是炮兵的一种，装备有火箭炮，弹丸本身安装有火箭发动机用于投掷。它是陆军、空军和海军的组成部分。火箭炮兵分队和军团配备了多管火箭炮系统——"冰雹""飓风""龙卷风"，等等。

反坦克炮兵也是炮兵的一种，用于摧毁坦克和其他装甲装备。反坦克炮兵装备有反坦克炮、无坐力炮和反坦克导弹，如БС-3型100 mm加农炮、МТ-12型100 mm加农炮、反坦克导弹"小不点""竞赛""С行动""短号"等。反坦克炮兵使用穿甲弹（适口径弹、次口径弹）和破甲弹以直瞄方式摧毁坦克和其他装甲装备。

迫击炮属于滑膛炮系统，用于迫弹曲射。它分为中口径——120 mm及以下迫击炮（2Б14型82 mm迫击炮——"托盘"、2С12型120 mm迫击炮系统——"雪橇"）和大口径——160 mm及以上迫击炮（М-160型160 mm迫击炮、2С4型240 mm自行迫击炮——"郁金香"等）。迫击炮用于支援战场上的联合兵种部队。它们通常是构成营火力的基础。大口径迫击炮为最高统帅部的预备炮。除了152 mm身管火炮（西方国家为155 mm口径）和240 mm以上口径的迫击炮外，还配备有核弹药。

按照对炮架的射击作用划分为刚性炮架火炮、弹性炮架火炮、动力喷气式（无坐力）火炮和后移火炮。

按照平台划分为陆用火炮、舰载火炮和航空火炮。

按照运输方式划分为牵引火炮（自走火炮）、自行火炮（坦克火炮）、运输式火炮、便携式火炮、固定火炮、铁道火炮。

自行火炮是一种在自行平台上配装的火炮。加农炮、榴弹炮、高射炮、无坐力炮、迫击炮、火箭炮和反坦克导弹均可以自行。陆军部队的自行火炮包括152 mm榴弹炮——"洋槐"、152 mm加农炮——"姆斯塔"、152 mm加农炮——"同盟"、多管火箭系统——"冰雹""龙卷风"、反坦克导弹"С行动""旗手"等。

牵引火炮是指借助汽车、专用的火炮牵引车和其他牵引装置进行转运的火炮和迫击炮，其中包括Д-30型122 mm榴弹炮、М-46型130 mm加农炮、Д-20型152 mm加农榴弹炮、2А36型152 mm加农炮——"风信子"等。

自行火炮是指配备辅助动力装置的火炮武器，可自主改变阵地（如СД-44型85 mm加农炮）。

运输式火炮是指安装在运载工具上的火炮武器，如82 mm迫击炮——"托盘"。运载工具包括汽车、装甲车、装甲运兵车、坦克、飞机、直升机、轮船等。

固定火炮是指安装在固定基地上的火炮。在发射阵地，它们或露天安装，或安装在暗炮塔、侧射掩体、装甲炮塔、装甲堡垒中。

铁道火炮是指安装在专用铁路平台上的火炮，既可用作交通工具，又可用作射击时的战斗平台。它用于支援地面部队，保护海岸免受敌舰和敌军登陆，并解决铁路附近地区的其他问题。

综上所述，火炮的分类有几个不同的标准，因此火炮分队和军团配备了各种类型的火炮武器。

陆军部队中的炮兵部队在对敌火力交战中扮演着重要的角色。在现代战斗中，高达70%的战术纵深目标由火炮、多管火箭炮系统、反坦克导弹和迫击炮击毁。

习题

1. 火药是何时、何地、在什么情况下发明的？
2. 说出古代投掷机的名称，并描述其工作原理和构造。
3. 锻造火器是何时、在什么情况下在古罗斯出现的？
4. 什么是"独角兽"火炮？它与18世纪的其他火炮有什么不同？
5. 彼得一世何时引入"火炮磅"？它与火炮口径有什么关系？
6. 火炮如何按照用途分类？
7. 迫击炮是在何时、由谁创造发明的？
8. 火炮如何按照口径分类？
9. 炮兵部队如何按照作战任务分类？
10. 火炮如何按照运输方式分类？

第 2 章
2Б14 型 82 mm 便携式迫击炮——"托盘"

2.1 2Б14 型迫击炮的用途和编配

2Б14-1 型 82 mm 迫击炮（图 2.1）是一种曲射火力，同时也是一种可发展不同型号的现代基型武器。在 2Б14 型迫击炮的基础上，开发了现代迫击炮系统（2Б23 型和 2Б24 型）。该迫击炮可用于以下作战目的：一是歼灭或压制暴露的和位于掩体战壕内、反斜面高地、建筑工事后以及洼地峡谷等地的敌有生力量和火力点；二是迷惑（烟雾迷盲）敌方观察所，烟幕遮蔽，照明地形。

图 2.1 战斗状态的 82 mm 迫击炮[①]

因迫击炮体积较小，且弹道弯曲，故在战斗状态时可架设在深凹处及掩体后

---

① 82-мм миномет《Поднос》2Б14（СССР）. http://voenchel.ru/index.php? newsid=902.

面，从而避免敌方平直火力的攻击①。

迫击炮连隶属于摩托化步兵营（空降步兵、空中突击兵）。一个连配有 6 门或 8 门迫击炮，一个排配有 3~4 门迫击炮。

迫击炮质量轻，而且各主要件可以分解，可由炮班人力携行。为方便携带，可使用专用背具根据迫击炮和发射质量按比例分配给所有炮班人员（炮长除外）。

迫击炮一般通过汽车（ГАЗ-66 型和 Урал-43206 型）、МТ-ЛБ 型履带牵引车、摩托越野车运输，在山区可使用马驮载。

2.2 2Б14 型迫击炮的战术技术性能和使用弹药

主要战术技术性能如下：
口径 ·· 82 mm
射程
　　最大（杀伤迫击炮弹） ··· 4 000 m
　　最小（杀伤迫击炮弹） ··· 至少 91 m
最大初速 ··· 259 m/s
杀伤迫击炮弹质量 ·· 3.1 kg
架在双脚炮架上时身管射界
　　高低射界 ··· 45°~85°
　　方位射界 ··· 350°
迫击炮战斗全质量 ·· 41.88 kg
迫击炮包装质量
　　身管 ·· 16.2 kg
　　座钣 ·· 17 kg
　　双脚炮架 ·· 13.98 kg
装有四发迫击炮弹的总质量 ·· 13 kg
带迫击炮弹的包装箱质量 ·· 24.917 kg
战斗（行军）状态到行军（战斗）状态的转换时间 ····················· ≤30 s
不修正瞄准时的射速 ·· 达 24 发/min
炮班 ·· 5 人
（炮长，1 号瞄准手，2 号装填手，3 号弹药手，4 号弹药手）
横向晃动量 ··· ≤0-18

表 2.1 为 2Б14-1 型迫击炮配备弹药。

---

① История оружия. http://obshe.net.

表 2.1　2Б14-1 型迫击炮配备弹药

序号	迫击炮弹的名称和缩略代号	迫击炮弹缩略代号	迫击炮弹丸质量/kg	发射装药质量/kg	引信型号
1	钢性铸铁弹体的杀伤迫击炮弹和全变装药 ВО-832Д	О-832Д	3.1	0.454	М-5 或 М-6 或 М-5С
2	杀伤迫击炮弹 ППЗ 或远射装药 ВО1	О-832ДУ	3.1	0.454	М-5 或 М-6 或 М-5С
3	高强度铸铁弹体的高爆迫击炮弹和远程装药 ВО12	О-12	3.1	0.454	М-5 或 М-6 或 М-5С
4	高强度铸铁弹体的高爆迫击炮弹和全变装药 ВО18	О-12	3.1	0.45	М-5 或 М-6 或 М-5С
5	钢性铸铁弹体的发烟迫击炮弹和 ППЗ ВД-832ДУ	О-832ДУ	3.47	0.066	М-5 或 М-6 或 М-5С
6	钢制弹体的照明迫击炮弹和 ППЗ ВС-832С 或 ВС-832К	С-832С 或 С-832К	3.5	0.066	Т-1
7	照明迫击炮弹和远程装药 ВС-25 或 ВС-25М	С-832С 或 С-832СМ	3.5	0.066	Т-1
8	钢性铸铁弹体、活性装药的杀伤迫击炮弹 ППЗ 或 ВО1 ИН	О-832ДУ ИН	3.1	—	М-6 摘火引信

弹药箱装有 10 发迫击炮弹；弹药箱质量 48 kg。迫击炮可发射弹药包括杀伤弹、发烟弹、照明弹和宣传弹。

2Б14 型迫击炮的弹药基数为 120 发，车载携行弹药基数为 60 发，人工携行弹药基数为 12 发。

俄罗斯国防部规定，武器单元所配备弹种的弹药数量称为弹药基数。

2.3　迫击炮弹结构及发射前准备

迫击炮弹（图 2.2~图 2.4）由弹体、弹头引信、基本发射药、稳定管填充物组成。远程发射药包或发射药包装在稳定管中。

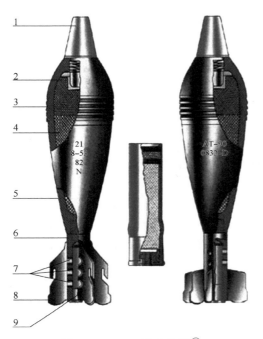
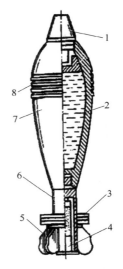

图 2.2　82 mm 迫击炮弹①
1—引信帽；2—引信；3—定心部；4—炸药；
5—弹体；6—稳定管；7—传火孔；
8—稳定尾翼；9—基本发射药

图 2.3　杀伤迫击炮弹②③
1—引信；2—炸药；3—发射药包；
4—基本发射药；5—稳定尾翼；
6—稳定管；7—弹体；8—定心部

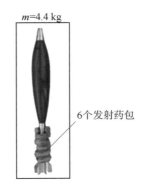

3-O-12 型迫击炮弹　　　3-O-26 型迫击炮弹

图 2.4　2Б14 型 82 mm 迫击炮弹④

---

① Минометныеминыдлястрельбыиз 82-ммминометов.
② 82-мм осколочная мина. https://mrpl.city/.
③ 原著图 2.3 中零、部件序号及图注不连续，重新进行了排序。——译者
④ http://forum.topwar.ru/topic/8432-две-идеологии-модернизации-82-мм-миномёта.
　http://forum.topwar.ru/topic/8432-/.

2.3.1 迫击炮弹的总体结构

杀伤弹用于以破片杀伤敌有生力量和火力设施。

杀伤弹的组成：带炸药的弹体、稳定管、引信、基本发射药、发射药或远射药包。杀伤弹配有 M-6 型引信。

针对新型 2Б24 型 82 mm 迫击炮，一种大威力带远程装药的迫击炮弹应运而生。

3-O-26 型迫击炮弹的威力高于 3-O-12 型迫击炮弹 2.5 倍。

发烟弹（图 2.5）不仅可以用于迷盲敌方观察点和火力点，还可在独立的区域施放烟幕，也可用于射击。在结构上，它与杀伤弹不同，前者具有扩爆管（旋入弹体孔）。发烟弹在扩爆管中装入炸药，随后引信旋入扩爆管。该炮弹弹体内注满了发烟剂，并在弹体定心部上方刻有黑色环槽，配有 M-6 型引信。

当发烟弹爆炸时，会产生高 15~20 m、宽 20~25 m（在中等风速下）的浓密白色烟云。燃烧的磷块可扩散距前沿 10 m，深达 15 m。

照明弹用于区域照明和目标指标。照明弹（图 2.6）和燃烧弹（图 2.7）有可替代引信。引信在一定时间内作用，引燃抛射药，导致弹体爆破，释放照明剂，引燃并照亮区域。

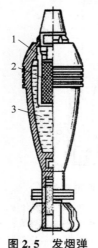

图 2.5　发烟弹

1—扩爆管；2—炸药；3—发烟剂

照明弹的组成：弹体（分为头部和尾部）、稳定装置、T-1 型定距引信、基本发射药和发射药包或远射药包。

照明弹弹体包含用于引燃带降落伞的照明剂的抛射药、照明剂、降落伞、连接照明剂与降落伞的绳索。

照明弹开始发亮的最佳高度为 300 m，照明半径为 250~300 m，照明剂平均燃烧时间为 38 s，燃烧的最佳高度为 50 m。

发射装药号根据发射药包的数量来编号（如 1、2、3）。

2.3.2 发射装药结构

迫击炮弹配 1 个基本发射药和 3 个发射药包或远射药包。这些药包的作用是将迫击炮弹从身管中发射出去。基本发射药装入稳定管内，发射药包或远射药包套在稳定管上。

第 2 章　2Б14 型 82 mm 便携式迫击炮——"托盘"

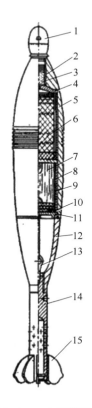 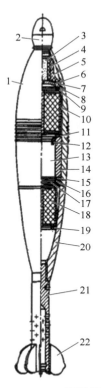

图 2.6　3C9 型照明弹

1—T-1 型定距引信；2—带；
3—装药；4—隔板；5—弹体；
6—照明剂；7—降落伞；8—包伞纸；
9—半圆筒；10—垫片；11—底座；
12—弹体；13—螺栓环；
14—稳定管；15—尾翼

图 2.7　3-3-2 型燃烧弹

1—弹体；2—T-1 型定距引信；
3—抛射药；4—带；5—垫；6—隔板；
7，12，16，19—环；8，17—垫片；
9，11，15—中间环；10，13，18—燃烧剂；
14—支柱；20—弹体；
21—稳定管；22—尾翼

基本发射药（图 2.8）由带金属底的纸筒、硝化甘油火药和底火组成。药筒的纸质部分有一个环形凸部，方便药筒固定在稳定管中。为确保纸筒固定在稳定管内，纸筒部分有环形凸起部。为了在稳定管内固定改进后的基本发射药，因而在金属部分设有 3 个凸起部。

火药装于纸筒中，并用塞子覆盖。所有装药都涂有清漆。

当用基本发射药发射时（无发射药包或远射药包），迫击炮弹以 70 m/s 的速度从身管发射出去，以 45°的仰角飞至 475 m 远的距离。因此，近距离（475 m 以内）发射可以只携带基本发射药（无发射药包或远射药包）。

发射药包（图 2.9）由装在环形布袋中的硝化甘油火药组成。

发射药编号：1号药——由基本发射药和1个发射药包组成；2号药——由基本发射药和2个发射药包组成；3号药——由基本发射药和3个发射药包组成。

远射药由基本发射药和远射药包组成。远射药包由装在矩形布袋中的ВУФл火药组成。

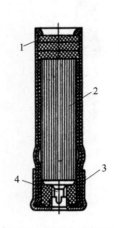

图2.8 基本发射药
1—封口垫；2—火药；
3—药筒；4—底火

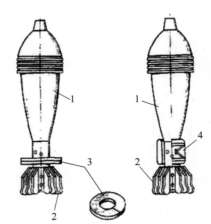

图2.9 装有发射药包和远射药包的迫击炮弹
1—弹体；2—稳定装置；
3—发射药包；4—远射药包

发射时，基本发射药的火药燃气冲破纸筒，并穿过稳定管上的孔点燃发射药包。

2.4 迫击炮弹引信

引信用于与目标相遇时起爆迫击炮弹。M-6型迫击炮弹引信［图2.10（a）］是一种保险型瞬发弹头引信，距离炮口0.75~10 m解脱保险。

M-6型迫击炮弹引信主要部件：带盖箔和保护帽的引信体、击发保险器、带传爆药的隔板、引爆装置。

M-6型迫击炮弹引信发射前的准备工作：用带子拔出保险销，去掉保护帽。不能带保护帽射击，否则可能会引发故障。

T-1型迫击炮弹引信（信管）［图2.10（b）］用于在其弹道规定点（定时作用）或在目标方向遇到障碍物时（触发作用），引燃迫击炮弹的抛射药。

该引信配备了火药定时装置。在迫击炮弹发射的瞬间，由于定时激发器击针撞击，定时装置开始燃烧。

T-1型迫击炮弹引信的组成：带密封盖的引信体、针刺火帽定时装置、击发装置。

第 2 章 2Б14 型 82 mm 便携式迫击炮——"托盘"

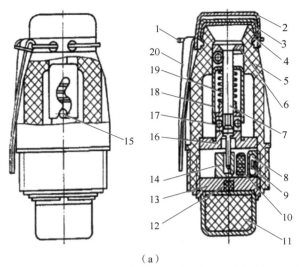

(a)

1—保险销；2—保护帽；3—锥形环；4—膜片；5—引信体；6—击针帽；7—击针；8—顶针；
9—滑块弹簧；10—雷管；11—传爆管；12—传爆药；13—隔板；14—滑块；15—销钉；
16—套筒；17—钢球；18—惯性筒；19—弹簧；20—带子

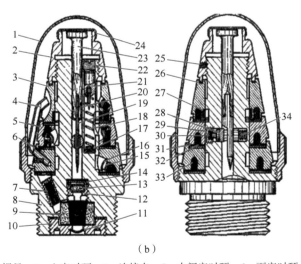

(b)

1—保护帽；2—螺母；3—上定时环；4—连接夹；5—中间定时环；6—下定时环；7—延时装置；
8—引信体；9—火药包；10—底螺；11—小垫片；12，20，29—套筒；13，17—火帽；14—火帽盖；
15—石棉垫；16—箔片；18—弹簧；19—击针；21—定时击发器；22—保险塞；23—撞针；24—隔板；
25—止动螺杆；26—皮垫；27—火药填料；28—止动器；30—火药保险器；31—羊皮纸垫；
32—布垫；33—火药压装；34—弹簧

图 2.10 迫击炮弹引信

(a) M-6 型；(b) T-1 型

T-1 型迫击炮弹引信发射前的准备工作：顺时针拧开引信上的密封盖（左旋螺纹），用专用扳手转动定时环，直到规定的刻度与引信体上的标记对准。刻盘上 10~125 每 10 份作一标记，每份数值为 0.3 s。

迫击炮弹发射前的准备工作：
① 将基本发射药装入稳定管内；
② 旋上引信；
③ 固定（套上）所需数量的发射药包或远射药；
④ 发射前准备引信（取下保护帽）。

2.5 弹药标志和印记

弹药标志是指在迫击炮弹、发射装药和包装容器上用油漆喷涂的符号和文字。弹药印记是指在迫击炮弹、药筒和引信上压印或挤压的符号。

含装药弹体（图 2.11）上的黑漆标志如下：
① 在弹体一侧是弹药厂代号、批号和制造年份，弹径和弹重符号；
② 在弹体反侧是炸药代号、迫击炮弹代号（见附录2）。

弹重符号表示迫击炮弹的质量相对标准弹重的偏差：

H——表示轻（重）不大于标准迫击炮弹重的 $\frac{1}{3}$%；

- (+)——表示轻（重）$\frac{1}{3}$% ~ 1%；

-- (++)——表示轻（重）1% ~ 1$\frac{2}{3}$%；

--- (+++)——表示轻（重）1$\frac{2}{3}$% ~ 2$\frac{1}{3}$%；

---- (++++)——表示轻（重）2$\frac{1}{3}$% ~ 3%；

ЛГ（ТЖ）——表示轻（重）偏差超过标准迫击炮弹重的 3%。

引信（信管）上标有引信型号、工厂代号、批号和制造年份、制造厂代号的标志和印记。

例如：M-6 表示引信型号，00 表示工厂代号；8-71 表示批号和制造年份。

基本发射药有标志和印记。

例如：在药筒底部，00 表示药筒制造厂的商标或名称；77 表示制造年份；10 表示药筒批号。

商标上：1 表示火药批号；77 表示火药制造年份；2 表示发射药批号。

发射药包的包装容器上印刷有火药代号。

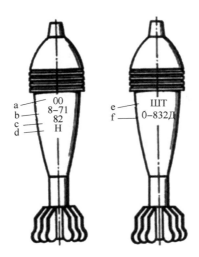

图 2.11　杀伤迫击炮弹（发烟弹、照明弹）的标志
a—工厂代号；b—批号和制造年份；c—迫击炮弹径；d—弹重符号；
e—杀伤迫击炮弹的炸药代号（ШД 表示发烟弹的发烟剂代号）；
f—杀伤迫击炮弹代号（Д-832 ДУ 表示发烟弹的代号；832С 表示照明弹代号）

例如：发射药包 82БМ НБК 32/65-14 0/00。

弹药包装容器：带旋上引信的弹药放置于包装箱中（图 2.12），每箱按 10 发、分两排放置，彼此用木板隔开。该箱中放置 4 个装有 5 发发射药包的袋子或 10 个装远射药包的纸袋。

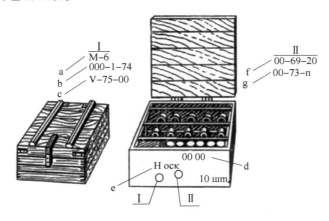

图 2.12　弹药箱
a—引信型号；b—引信制造厂代号、批号、制造年份；c—装药月份、装药年份、装药总装厂代号；
d—迫击炮代号；e—弹重符号；f—工厂代号、制造年份、批号；
g—工厂代号、以发射药计的弹药装配年份、工厂标记

基本发射药装在迫击炮弹内。使用改进的基本发射药时，按5发包捆成2个纸袋装在发射药包旁边。此外，箱内也可装入备用基本发射药的纸袋。在这种情况下，弹药箱上会标记"OCHOB. METAT. 3AP. 3AПAC"。纸袋中的所有发射药都包在聚乙烯袋中。

下面介绍发射阵地的弹药存储。

在发射位置，储备弹药分散存放在建于迫击炮后方 15~30m 处的地窖内；如果时间充裕，地窖与迫击炮掩体之间会建立连接通道。

弹药消耗储备放置在迫击炮附近的空地上或专用坑穴处。

构筑地窖和坑穴可以保护放置在此的弹药免受核爆冲击波、子弹和杀伤弹片（迫击炮弹）的打击。位于坑穴处和迫击炮附近空地上的弹药必须用适当材料覆盖，从而保证弹药不受雨、雪、沙子、粉尘、太阳光等影响。

弹药绝不允许存储在人防掩体内。

2.6　弹药发射前准备工作

在做发射前准备时，首先必须对迫击炮弹进行分组，其次挑选同一弹重符号的迫击炮弹，随后清除弹体上的油脂、污垢和积雪，并检查弹体、引信和装药，最后为迫击炮弹配备附加药包。

迫击炮弹分组：
① 按照代号或用途（杀伤弹、发烟弹）；
② 按照所示的工厂、批次和装药年份标志；
③ 按照弹重符号。

基本发射药按照印制在装药顶部商标标志进行分组。发射药包按包装箱上的标志分组。不同标志的发射药包只在特殊情况下用于射击距大部队最远的集群目标。

分组后的弹药按迫击炮（排）进行分配，便于迫击炮在每次射击任务中，都使用同一标志和弹重符号的弹药。

2.7　2Б14 型迫击炮的总体结构及机构组件工作原理

2Б14 型 82 mm 迫击炮（图 2.13）由 6 个主要部分组成，即炮身、座钣、双脚炮架、防重装填保险器、瞄准镜和备件。

炮身是迫击炮的主要部分，用于在密闭空间内形成弹道压力，并赋予迫击炮弹运动方向和初速。

炮身直接由身管和炮尾组成。

第 2 章　2Б14 型 82 mm 便携式迫击炮——"托盘"

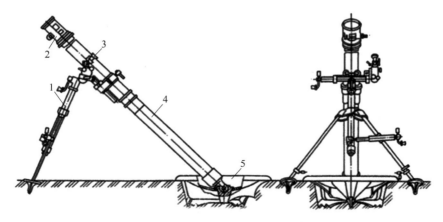

图 2.13　2Б14 型 82 mm 迫击炮
1—双脚炮架；2—保险器；3—瞄准镜；4—炮身；5—座钣

身管是滑膛的，即在炮口部带有锥形斜面导向的光滑内膛。身管炮口端面外侧的环形凸起可用于提高炮口强度和固定保险器，下面的环形凸起可用于安装和固定缓冲机卡箍。

身管的炮尾部具有旋入炮尾的螺纹。该螺纹用于连接止口，需精加工身管端面，从而密封火药气体。沿身管涂有用于零线检查的白标线条。

炮尾（图 2.14）用于闭锁炮膛，并连接身管与座钣，同时也用于安装手动发射击发保险器。

炮尾由炮尾体、装于其中的击针、与击针相连的击发驻栓、击针压簧和击针机盖组成。

炮尾体外部是截锥形，基体为连接斜锥，尾端为球形轴颈。

为在确定位置安装击发驻栓，炮尾体上标有符号：C 为射击；P 为退弹；Д 为分解。

击发驻栓是曲轴状，一端有安装定向，与炮尾上刻制箭头的凸起连接；另一端是两个结合面，用这个端面将弹簧作用的击发驻栓压入击针槽，将其固定在相对于击针机盖的确定位置。击发驻栓上的箭头用于目视确定击针的位置（击发位——C，退弹位——P）。

当击发驻栓装在 C 位置时，击发机构会在"刚性击发"工况下工作。

迫击炮在瞎火退弹前，必须将击针收回击发

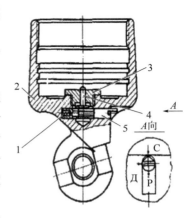

图 2.14　炮尾
1—击针压簧；2—炮尾体；3—击针机盖；
4—击针；5—击发驻栓

机盖，为此需将螺丝刀插入击发驻栓槽内用力压紧，从而将击发驻栓止动端从击针槽内推出，并将击发驻栓向任意方向旋转180°至P位，使击针下沉（击针和瞎火弹底火之间不接触）。

从炮膛内取出瞎火迫击炮弹后，向任意方向旋转击发驻栓180°至C位以拨出击针。分解击发机构时，用螺丝刀用力压住击发驻栓并将其转至Д位。

座钣（图2.15）用于发射时将迫击炮的后坐能量传递至土壤，并确保稳定的射击位置。

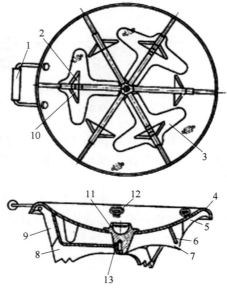

图 2.15　座钣

1—手把；2—右角钢；3—驻锄；4—主板；5，9—小筋；6—角钢；7，8—大筋；
10—左角钢；11—驻臼；12—卡板；13—孔

座钣是冲压焊接结构，由球面主板和驻臼组成，朝向驻臼焊有3个箱形驻锄、角钢和保证抓地的筋板。

驻臼有连接迫击炮炮身和座钣的球窝。

手把用于携运座钣。在主板上焊接卡板，可用于在背具上固定座钣。

双脚炮架（图2.16）用于发射状态支撑迫击炮的身管，并赋予其高低角和方位角。双脚炮架布置了所有瞄准机，即高低机、方向机、水平调整器和МПМ-44М型瞄准镜安装支臂。双脚炮架的主要部件包括双脚支架、方向架、手柄、外管、带缓冲机的炮箍、内筒。

双脚支架（图2.17）由上部带异型叉的左右管状支腿组成，通过旋装在高低机套筒轴耳上的螺杆进行铰接。双脚支架底部有土壤支撑驻锄爪和驻锄脚爪盘。水平调整器安装在左支架上。

第 2 章 2Б14 型 82 mm 便携式迫击炮——"托盘"

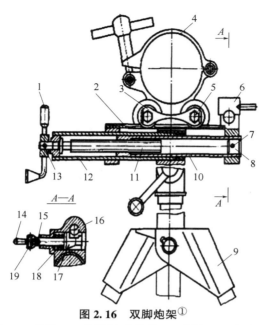

图 2.16 双脚炮架①

1,14—手柄；2—方向架；3—垫圈；4—带缓冲机的炮箍；5—螺栓；6—支臂；8—螺盖；9—双脚支架；10—内筒；11—方向螺杆；12—外筒；13—销；16—瞄准镜轴；17—连接杆；18—弹簧

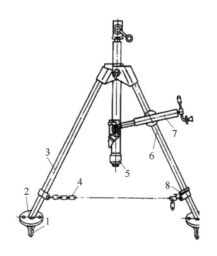

图 2.17 双脚支架

1—驻锄爪；2—驻锄脚爪盘；3—右支架；4—链扣；5—高低机；6—左支架；7—水平调整器；8—锁扣

---

① 原著中图 2.16 存在零、部件序号 7、15、19，但图注中未列出，其名称不详。——译者

方向架用于连接方向机和高低机，固连缓冲机杆，安装 MΠM-44M 型瞄准镜。方向机安装在由外筒和内筒组成的本体中。外筒的一端插入方向架的右支耳，另一端用螺纹拧在高低机本体上。

安装螺盖的内筒固定在方向架左端，按手柄旋转方向与方向架一起左右移动，手柄与方向机螺杆刚性连接。方向架移动时，同样使带缓冲机的炮箍和内筒移动。迫击炮通过这种方式进行方位瞄准。

在方向架的左端焊接 MΠM-44M 型瞄准镜的安装和固定支臂。

当用手柄转动水平调整器时，螺母会相对本体逐渐移动，使高低机套筒向右或向左转动，调节方向架与 MΠM-44M 型瞄准镜处于水平状态。最后用水准仪检查水平。

高低机由本体、套筒、螺筒组成。

套筒是一个空心管，其外表面上焊接连接高低机和支架的轴耳，以及用水平调整器连向高低机套筒。

高低机传动箱体的形状为带两个管接头的空心直角管，其中在小套筒上安装一个锥齿轮副。手柄与齿轮固定在同一轴上。

逆时针（顺时针）转动手柄时，锥齿轮带动螺杆旋转，并与螺筒、传动箱体一起相对套筒螺母成上推（下移）趋势。套筒螺母保证身管仰角能够增加（减少）。

为降低射击后坐力的影响，及保证双脚炮架射击后能回到初始位置，方向架和炮箍之间用缓冲机相连。

缓冲机由 2 个本体、2 个连接杆和 2 个弹簧组成。

炮箍用于连接双脚炮架和迫击炮身管，由轴铰接的箍和轴承盖组成。

炮箍用手柄固定在身管上，并安装在身管环形凸起之间。

保险器（图 2.18）用来防止迫击炮二次装填。

保险器由保险机和带有套筒的本体组成。在带有套筒的本体的安装轴上，固定有以下保险机零件：垫圈、挡弹板、插入挡弹板槽的副翼、弹簧和杠杆。

在迫击炮装填之前，保险器部件处于"开启"位置。此时挡弹板位于本体窗孔内，近似平行炮膛轴线。杠杆位于支撑面 A 上，杠杆末端伸入炮膛内。迫击炮弹装填时，弹药滑入膛内，本体自身沉入杠杆末端并使杠杆和轴左移，杠杆从支撑面 A 移至凸起部 $Γ$。在弹簧的作用下，轴、杠杆、挡弹板一起转至"关闭"位置。挡弹板遮挡了部分炮膛，从而防止迫击炮二次装填。

射击时，火药燃气通过炮膛表面和定心部间的环形间隙喷出，越过定心部并作用于挡弹板，使挡弹板、轴和杠杆一起转至凸起部 $Γ$ 表面。当气体停止作用于挡弹板时，杠杆从凸起部 $Γ$ 弹出，挡弹板沿本体的左凸起斜面 $Б$ 滑下，在弹簧的作用下，与垫圈、轴和杠杆一起向右移动到"开启"位置。

下面对迫击炮机构和部件的相互作用进行介绍。

射击时由于后坐，身管、炮箍、缓冲机本体向后移动，而装有方向机的两支架和缓冲机杆由于惯性而保持不动。此时缓冲机弹簧被压缩，减缓了对双脚炮架的冲击。射击后，弹簧回弹将双脚炮架向后拖，而身管在土壤弹性抗力和座钣的作用下向前移动，此后迫击炮恢复至射前初始状态。

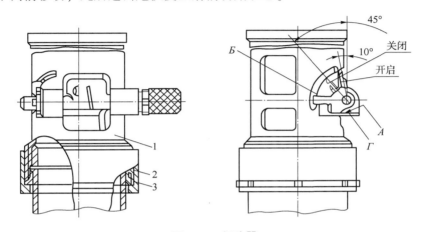

图 2.18　保险器

1—本体；2—螺环；3—半圆环；
A—支撑面；Б—斜面；Г—凸起部

2.8　2Б14 型迫击炮的瞄准装置

2Б14 型迫击炮的瞄准装置包括 МПМ-44М 型瞄准镜、ЛУЧ-ПМ2М 型照明具和 К-1 型标定器。

МПМ-44М 型瞄准镜（图 2.19）用于迫击炮瞄准目标。

为了确保迫击炮在构建平行射向时对瞄，以及迫击炮在须抬高 МПМ-44М 型瞄准镜瞄准线时的瞄准，需要使用接长杆。接长杆由杆以及其端头连接的套筒和支架组成。

МПМ-44М 型瞄准镜是一种反向瞄准镜。瞄准镜装定随着瞄准角度的增加而减少。这是由于取 45°角为零位。为方便使用记为"10-00"。

МПМ-44М 型瞄准镜由镜头部和瞄准机构组成。

瞄准镜光学系统用于所在地域的物体成像，是一个单筒望远镜系统。

МПМ-44М 型瞄准镜光学系统由物镜、棱镜、防护玻璃、分划板和目镜组成。

图 2.20 为 МПМ-44М 型瞄准镜分划板。分划板上的专用（标定器）刻度有

64份，与 K-1 型标定器分划板的垂线对应。位于中央垂直刻线左边的刻度用数字标记，右边的用字母标记。

镜头部是折转式望远镜系统，用于观察地形和目标。镜头部由镜体和在其内安装的光学系统零件组成。镜体通过轴与在水平面进行瞄准的方位角机构的蜗轮连接。

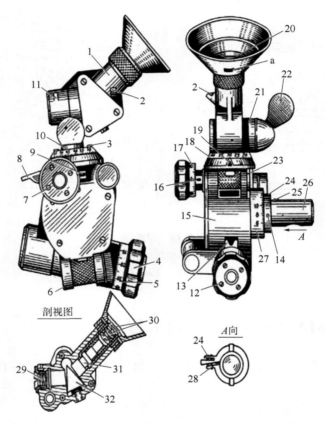

图 2.19　МПМ-44М 型瞄准镜[①]

1—镜头部；2—照门；3—止动螺钉；4—瞄准镜手轮；5—高低角小分划；6—高低水准器；
7、12、14、25、28—螺杆；8—解脱手柄；9、13、16、19、24—指标线；10—方位角头；
11—准星；15—瞄准镜本体；17—方位角小分划；18—方位角大分划；20—护眼罩；
21—蜗轮孔；22—手柄；23—横向水准器；26—瞄准镜安装轴；27—瞄准器大分划（高低角）；
29—物镜；30—目镜；31—分划板；32—棱镜；a—护眼罩孔

---

① Особенности устройства модернизированного прицела МПМ-44М. https://studfiles.net；устройство прицела МПМ-44М. https://studfiles.net.

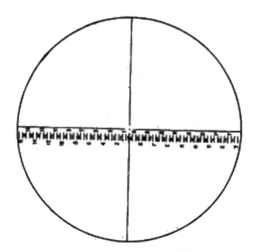

图 2.20　МПМ-44M 型瞄准镜分划板

为了分划板照明系统的辅助照明，镜体上有凸座，且凸座槽内装有用压板固定的防护玻璃。

瞄准机构由方位角机构和高低角机构组成。

方位角机构用于迫击炮进行水平瞄准。高低角机构装在本体上，用于瞄准镜装定与迫击炮赋予身管对应射角的角度。

方位角机构位于本体上部，而高低角机构位于本体下部。这两种均是蜗轮蜗杆副机构。

方位角蜗杆上刚性固定精密角度分划和手轮。分划为 100 刻度，每刻度为 0-01。按刻在本体凸座上的指标进行读数。

方位角的本分划固定于蜗轮上，而用刻在螺母上的指标相对该分划的变量来读数。本分划有 60 刻度，每刻度为 1-00。

当手轮旋转时，蜗杆在偏心套管上旋转，固定在镜头部轴承上的方位蜗轮随同转动。使用锥形轴固定镜头部，在该轴上套上垫圈并拧上带限制器的手柄。

为使镜头部在垂直面内赋予一个倾斜角，需反转手柄 0.5~1.0 圈，再将镜头部转至规定角度。为使镜头部绕垂直轴快速调转一个大角度，需从上往下按压手柄（此时蜗杆和蜗轮脱离啮合），并用手将镜头部旋转至规定角度。为赋予镜头部高低角，需使用高低角机构。

高低角机构蜗轮刚性固定在加定位销的本体轴上，并和蜗杆处于啮合状态，高低角精分划及手轮与蜗杆刚性相连。精分划有 100 个刻度，每刻度为 0-01。高低角机构的精分划数按刻在本体凸起部的指标进行读数。

本体右侧刻有高低角机构的本分划，有 10 个刻度，每刻度为 1-00，高低角机构的本分划指标固定于螺杆轴上。

转动手轮时，高低角机构的蜗杆转动，随之本体按弧形转动，从而赋予镜头部不同的高低角度。

本体左侧拧入了盖板，其上有用于将中联型照明系统固定在瞄准镜上的带两个固定环的支耳。照明系统的灯头是ЛУЧ-ПМ2М型照明具的组件。中联型照明用于同时照亮角度分划和水准器。

纵向水准器和两个横向水准器固定在本体凸起部上。横向水准器用于瞄准镜调平，纵向水准器用于保证迫击炮身管给定高低角。保护环可使水准器免受损害。

为方便携行和保存，МПМ-44М型瞄准镜与К-1型标定器、成套备附具一起放置在包装箱中。此时，瞄准镜轴插入包装箱中的垫板槽中，并用固定在箱盖上的垫板压紧。瞄准镜所有分划均置零装好。

К-1型标定器用于在低能见度条件下和在没有自然远点时保证迫击炮瞄准。图2.21为安装在三脚架上的标定器。图2.22为瞄准镜分划专用刻线与标定器分划的对瞄图例。

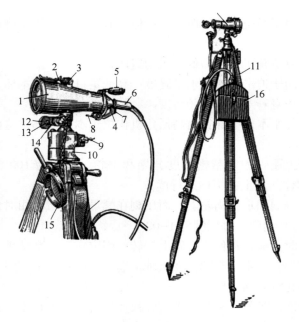

图2.21　安装在三脚架上的标定器

1—标定器；2—镜头部；3—水准器；4—灯座；5—反射镜；6—照明灯头；7—支臂；
8—螺母（蝶形螺母）；9—紧定螺钉；10—转台；11—三脚架；12—手柄；
13，14—转换器；15—盖；16—蓄电池

ЛУЧ-ПМ2М型照明具（图2.23）用于照亮迫击炮瞄准镜、标定器、炮长和弹药的工作场所。图2.24为炮长照明具和旧式弹药照明具展开图。

第 2 章 2Б14 型 82 mm 便携式迫击炮——"托盘"

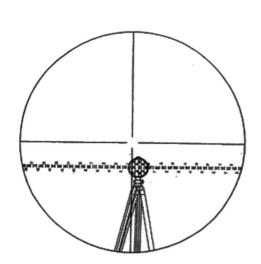

图 2.22　瞄准镜分划专用刻线与标定器分划的对瞄图例

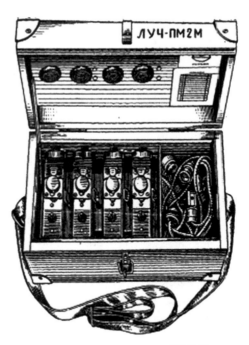

图 2.23　ЛУЧ-ПМ2М 型照明具

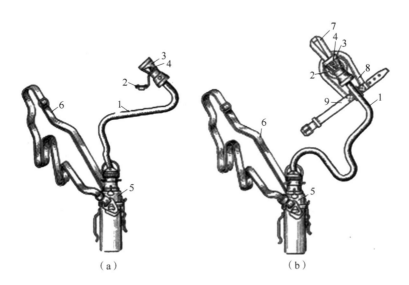

(a)　　　　　　　　(b)

图 2.24　炮长照明具和旧式弹药照明具

(a) 炮长照明具；(b) 旧式弹药照明具

1—带插头插座的电线；2—支架；3—反射镜；4—灯；5—电池盒；

6，9—皮带；7—环扣；8—底座

2.9 备附具

备件、附件和工具用于保证迫击炮在服役期间可以正常使用。目视检查、日常维护和一级技术维护使迫击炮处于待战状态。每门迫击炮配备一套备附具，便于以炮班力量排除故障。单套备附具应随炮携带，且成套性与明细表 2Б14-1.00 ЗИ 一致。

单套中耗损件应及时用组套备附具的同类件补充。

18 门迫击炮中每 6 门一组按照明细表单独配备相应的组套备附具和维修备附具：

组套备附具 ЗИП-2Б14-1.00 ЗИ1；

维修备附具 ЗИП-2Б14-1.00 ЗИ2。

组套备附具用于保证部队（编队）维修部门对超过使用保修期的迫击炮在使用文件要求范围内进行技术维护和维修，以及补充单套备附具相应件。在保证 6 门迫击炮两年使用量的前提下，组套备附具按照名称表和数量配齐。

维修备附具不仅可作为迫击炮或批量迫击炮的大修保障，也可作为迫击炮全使用期的补充组套备附具。维修备附具可储存在仓库、基地或其他维修部门。

2.10 迫击炮使用安全措施

本节研究迫击炮资料、使用规则以及安全措施要求。

炮班训练时必须使用惰性弹药迫击炮弹。

弹药射前准备时，要仔细清除弹体上的油脂和杂质，确认稳定管和稳定尾翼完全干燥，传火孔没有积雪和油脂。

不允许发射稳定管未拧紧、弹体有裂纹、稳定尾翼弯曲或折断的迫击炮弹。

如果稳定管装入了基本发射药，那么在检查稳定管时必须注意装药的密实性。若有必要推带基本发射药的迫击炮弹至稳定管末端支撑时，需用手指轻按弹底边缘，全程保护引信不与任何物体接触。如果基本发射药完全没有进入稳定管，则需要更换发射药或放弃该弹，不允许使用该弹射击。

在发射前，改进的基本发射药直接水平放置在防水布或空箱上。操作方法为大拇指按住弹体底部，其余手指握住尾翼。

基本发射药包或远射药包牢牢固定在弹尾上并撑在尾翼处，需注意此时药包软线装在内部，如图 2.25 所示。

装药前直接摘下引信护帽。

由于引信具有高敏感度，故要求在迫击炮弹的飞行弹道上不应有可引起早炸的无关物体（树枝、伪装物等）。

把迫击炮弹放入炮膛后，为避免被火药燃气烧伤，装填手须俯下身体将头部低至保险器下，或离迫击炮 2~3 步远。

如果装填后迫击炮不进行发射，需完成迫击炮退弹操作。

只有确保迫击炮所有机构和弹药元件处于完好状态后，才可进行迫击炮瞄准和射击。

图 2.25　基本发射药包的安装图[1]

（上部—杀伤爆破迫击炮弹远射药；下部—带附加装药的杀伤迫击炮弹）

严格禁止以下行为：
① 发射潮湿或浸水以及外表破损的发射药包；
② 迫击炮弹稳定管套装多于 3 个发射药包；
③ 发射引信膜片损伤的迫击炮弹；
④ 用无盖弹药箱放置并运输迫击炮弹；
⑤ 在发射阵地尤其在弹药存放地吸烟；
⑥ 在身管和座钣损坏的情况下进行射击。

2.11　迫击炮发射前准备的工作内容和完成方法

1. 迫击炮机构动作检查程序
① 迫击炮的齐套性检查。
② 身管和炮尾检查。
③ 双脚炮架检查。
④ 防重装填保险器动作和紧固检查。
⑤ 高低机工作检查。
⑥ 方向机和水平调整器工作检查。
⑦ 发射保险机构工作检查。

---

[1]　Военный альбом. http://waralbum.ru/bb/viewtopic.php? id=775.

⑧ 瞄准镜检查。
⑨ 备件、附件和工具配备情况及状态检查。

2. 身管检查

① 检查的目的是探测身管是否存在凹痕和膨胀、内外表面裂缝、锈蚀、油漆损伤和炮膛污垢等问题。

② 当发现身管外表面有深凹坑时，需检查该坑是否已转成内鼓包。不允许使用带这种缺陷的身管进行射击。

③ 身管膨胀迹象是炮膛内出现肉眼可见的阴影环。可以用眼睛观察身管和放在身管预计膨胀段的直尺之间的缝隙来判断身管是否外胀。不允许使用膨胀身管进行射击。

④ 在油漆脱落表面上涂 ГОИ-54 润滑脂或黄油，并尽可能在第一时间补漆。在受腐蚀部位大量涂抹 Нефрас-С 50/170 溶剂或汽油溶剂，静置几小时后用抹布清除锈迹。针对难以清除的锈迹，可使用擦膛溶液。

⑤ 可通过眼睛或使用放大镜确定身管外表面是否存在裂纹。如果要检查炮膛内的裂纹，那么需要使用探针检查相应的区域。不允许使用带裂纹的身管进行射击。

⑥ 检查炮尾击针偏移和拨动的可能性。

3. 双脚炮架检查

① 清洁双脚炮架并仔细检查。所有部件和装配组件需要完好，并组装正确和紧固，零件上不应有腐蚀物。

② 检查方向机、高低机和水平调整器，并转动手柄检查它们工作情况。各机构必须工作平稳，无跳动或卡滞。方向架压缓冲机时，缓冲机应在整个行程上工作平稳，无跳动和卡滞情况出现，可有力地回到初位。

③ 清洁驻锄，并检查焊缝处是否有腐蚀物和裂纹。清理腐蚀物、清洁表面、表面涂漆。

④ 如果存在裂纹，可使用氩气保护金属焊丝焊接，最后清理焊缝并涂漆。

4. 座钣检查

① 清洁座钣，并检查是否存在裂纹（特别是焊接处和球形臼窝处）、锈蚀和油漆损伤问题。

② 按照身管检查方式对座钣除锈，然后在除锈面上补漆。

③ 不允许使用有裂纹的座钣进行射击。

5. 保险器检查

① 仔细检查保险器零件。

② 检查安装在身管上的保险器工作情况。当杠杆从本体凸起部 Г 滑脱时，挡弹板在弹簧的作用下应有力无卡滞地转至"开启"位置。当迫击炮弹落入身管时，挡弹板应弹起并处于"开启"位置。

6. МПМ-44М 型瞄准镜检查

清洁瞄准镜并完成如下操作：

① 检查瞄准镜的外部状况以及目镜、物镜和防护玻璃的外表面。上述位置不应有外部缺陷和腐蚀斑，光学零件外表面上不允许有油脂和其他附着物。

② 检查瞄准镜安装位的正确性和紧固可靠性。瞄准镜应位于安装位上，不应有变位。

③ 检查高低角和方位角机构的工作情况。转动手轮检查所有射界的工作情况。手轮回转应平稳。

④ 用肉眼检查水准器气泡管的完整性。气泡管上不应有裂纹或裂缝。

⑤ 对照装箱清单检查单套备件和工附具的完整性及状态。

7. МПМ-44М 型瞄准镜规正

① 迫击炮和瞄准镜检前准备。

② КМ-1 型象限仪检查。

③ 瞄准镜零线和高低角分划规正。

8. 瞄准镜零线规正

① 将迫击炮架设在平坦的地面上，方向上约距瞄准点不小于 100 m 或距靶板不小于 10 m。图 2.26 为校瞄（检查）靶板。

② 置方位角为 30-00，高低角为 10-00。

③ 按 МПМ-44М 型瞄准镜横向水准器调平迫击炮。依靠沿迫击炮身管白标线放置的象限仪，用高低机赋予迫击炮身管 45°（7-50）。

④ 在迫击炮后面不小于 20 m 的位置架设方向盘（如果没有方向盘，那么可以在迫击炮后面 3~5 m 处设置铅垂）。

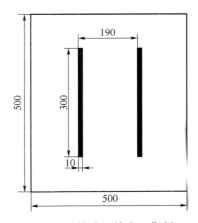

图 2.26　校瞄（检查）靶板

⑤ 用方向机移动身管并重新架设方向盘，从而使身管上的白标线指向瞄准点（靶板），最终达到身管白标线和方向盘镜的垂直线对准的目的。

⑥ 按瞄准镜的横向水准器检查调平迫击炮。

⑦ 使用方位角手轮（不打低迫击炮），将瞄准镜镜头部十字线的垂线与瞄准点对齐。此时方位角置零，即本分划为 30-00，精分划为 0-00。

如果方位角分划设置不归零，则通过松开相应的螺钉和螺母半圈，拨动分划置零后将螺钉和螺母紧固。

9. 高低角分划规正

① 按 МПМ-44М 型瞄准镜的横向水准器检查迫击炮的水平，并按象限仪赋予角度 45°（7-50）。

② 转动高低角机构的手轮，将瞄准镜高低水准器气泡居中。

③ 检查高低角机构分划值。本分划应为 10-00，精分划应为 0-00。
如果读数与零位设置不一致，则需松开相应的螺钉进行规正。

10. 备件、附件和工具（图 2.27）检查

① 检查备件和附件的配备和状态，工具的完好性和放置正确性。

② 备件、附件和工具零件检查后，涂润滑脂（ГОИ-54）或黄油（МЗ 润滑脂），用羊皮纸包裹并装入 2Б14-1 专用包。

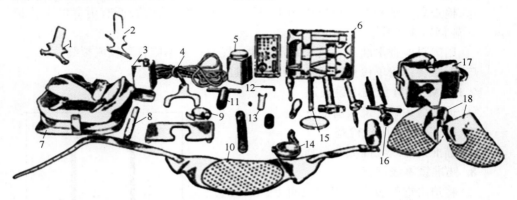

图 2.27　备件、附件和工具（2Б14 型 82 mm 迫击炮的备附具）

1—2 号扳手；2—1 号扳手；3—装 0.4 kg 润滑液的铁罐（装配图 3-ж）；4—拉火柄（装配图 9-Ю）；5—装 0.4 kg ГОИ-54 润滑脂的铁罐（装配图 1-ж）；6—工具包中隔板；7—工具包（装配图 1-Я）；8—刷子；9—灯；10—护肩（装配图 8-Ю）；11—底火扳手；12—4 号螺丝刀；13—8 号扳手；14—油杯（装配图 2-ж）；15—铁棒；16—击针扳手（装配图 3-И）；17—装 МП-1 型瞄准镜的袋子（盒子）（装配图 3-Я）；18—手套（左右）（装配图 7-Ю）

2.12　迫击炮可能出现的故障和原因及排除方法

表 2.2 为迫击炮常见故障和可能原因及排除方法。

表 2.2　迫击炮常见故障和可能原因及排除方法①

常见故障	可能原因	排除方法
瞎火	膛内有杂质； 击针有杂质或生成积炭； 击针球头烧坏； 击痕偏心； 底火故障	清洁炮膛； 清除击针积炭； 更换击针； 剔除迫击炮弹废品

---

① 82-мм миномет 2Б-14-1. Техническое описание и инструкция по эксплуата-ции. М.：Военное издательство，1990. C. 60.

续表

常见故障	可能原因	排除方法
迫击炮弹入膛过紧	膛内有杂质； 炮弹定心部有杂质	清洁炮膛； 清洁炮弹定心部
瞄准错位	МПМ-44М 型瞄准镜错位	检查 МПМ-44М 型瞄准镜紧固性
弹药迟发火	发射装药浸湿； 底火故障	检查剩余发射药
缓冲机有敲击声	弹簧松弛或断裂	更换弹簧
身管与炮尾体的连接处漏气	炮尾体未完全拧入身管	拧紧炮尾体
击发装置漏气	击针配合面磨损或烧坏	更换击针或击针机盖
击发驻栓回转紧	击针、击针机盖、炮尾体、击发驻栓间的连接处有杂质； 击发驻栓工作面磨损	清洁零件； 更换击发驻栓
击发装置零件未定位	弹簧松弛或断裂	更换弹簧
保险器挡弹板未完全打开	挡弹板轴和导向杠杆有杂质； 杠杆、垫圈、挡弹板、轴表面磨损	清洁轴、导向杠杆； 更换轴、挡弹板、杠杆、垫圈
挡弹板在"关闭"位置脱落	弹簧松弛或断裂	更换弹簧
МПМ-44М 型瞄准镜未定位	弹簧松弛或断裂	更换弹簧
水平调整器槽内未定位	弹簧松弛或断裂	更换弹簧

2.13 迫击炮发射前准备时炮手职责

1. 迫击炮从行军状态转换为战斗状态的工作顺序

① 把座钣水平放置在地面上，炮尾球插入臼窝，使炮尾球轴头和臼窝上的圆柱槽对齐；当球体结合后，身管向射击方向倾斜，与双脚炮架相连，并用盖板固定。由高低角确定双脚炮架在身管上的位置。炮箍的上端位置对应角为 45°~59°，下端位置对应角为 54°~85°。双脚支腿分开，必要时用链扣连接。

② 解脱水平调整器的插销，并在轴上转动，使端头与高低机的套筒相连。

③ 将 МПМ-44М 型瞄准镜安装在方向架槽内，并用弹簧杆紧定。

2. 发射前准备时的炮手操作认证

图 2.28 为带迫击炮和便携背包的炮班。

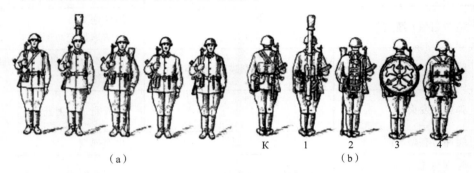

图 2.28　带迫击炮和便携背包的炮班
（a）正面；（b）背面
K—炮长；1—瞄准手；2—装填手；3—射击手；4—弹药手

① 3 号和 1 号炮手共同为双脚炮架驻锄和座钣准备放置地点，并调平座钣。3 号炮手扶住炮身的炮尾体，帮助 1 号炮手把炮尾体球轴头插入座钣臼窝；然后 1 号炮手把身管转向射击方向，并交给 3 号炮手。

② 2 号炮手架起双脚炮架，移开炮箍盖板，并扶住方向架和缓冲机以保持双脚炮架，帮助 3 号炮手把身管装入炮箍以及固定盖板；2 号炮手连接水平调整器。

③ 1 号炮手把双脚炮架固定在土壤中，把 МПМ-44М 型瞄准镜安装在迫击炮上，将机构赋予零位（方位角分划为 30-00，高低角分划为 10-00）。1 号炮手操作高低机，使 МПМ-44М 型瞄准镜的高低水准器的气泡移至居中，转动水平调整器手柄，使瞄准镜横向水准器的气泡移至居中，然后检查身管上保险器的固定性。

④ 3 号炮手检查迫击炮弹并做射前准备。

⑤ 4 号炮手从背包（箱子）中取出工具和迫击炮弹，并将其放在迫击炮的后面，做射前准备。

3. 迫击炮从战斗状态到行军状态的转换顺序

① 1 号和 2 号炮手将迫击炮分解成主要部件。

② 3 号炮手收集剩余的迫击炮弹，取下远射药包或发射装药，把发射装药装入塑料袋；从地面拔出座钣并清除泥土，装好背具并帮助 4 号炮手把迫击炮弹装进背包（箱子）中。

③ 4 号炮手把背包（带背具的箱子）拿到迫击炮处，为装迫击炮弹做准备，并帮助 3 号炮手收集剩余的迫击炮弹。

4. 迫击炮的携行背具

（1）背负带保险器的身管，需要注意以下事项：

① 将炮箍套在身管表面的下环形凸起部并用紧定螺钉固定。
② 将炮口帽套在炮口上。
③ 将背带扣套在炮尾体球头的颈部。
④ 将带衬垫的肩带连在炮箍上。
⑤ 将炮口帽带系在炮箍上。
⑥ 用衬垫包住身管的中间部分，并扎紧带子。

注：保险器必须固定在身管上。

图 2.29 为身管背具。

（2）肩背双脚炮架，需要以下操作：

① 将双脚支腿驻锄并拢，用扣链缠绕并固定（绳扣绕圈以上扣紧）。
② 将缓冲机本体放在双脚炮架上，用背带和绑带将其固定，背带必须与炮箍端相接。
③ 用下部背带将并架支腿固定在背具上。

图 2.30 为双脚炮架背具。

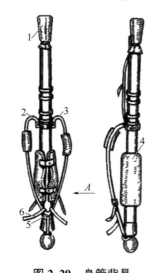

图 2.29 身管背具

1—炮口帽；2—炮箍；3—肩垫；
4—身管衬垫；5—炮尾背带；6—绳子

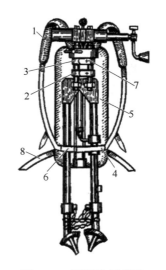

图 2.30 双脚炮架背具

1—肩垫；2，3，6—绑带；4，7—背带；
5—衬垫；8—绳子

（3）肩背座钣，需要以下操作：

① 将背具放在座钣上，手柄应对准背具上部，用上面的短背带 2，穿过主板上的卡环将背具紧扣在座钣上。
② 将套带 4 穿过座钣卡环两次，此时装在主板上的卡环彼此间距要比之前大，调整肩带使套带 4 向肩带扣紧。

图 2.31 为座钣背具。

迫击炮弹以稳定管朝下装入背包（图 2.32）的袋内，将发射药包或远射药包以及基本发射药同样装入袋内。

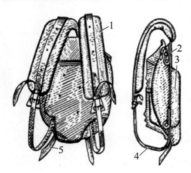

图 2.31　座钣背具
1—2Б14-1.10.1 Сп 型肩垫；2—2Б14-1.10.2 型背带；
3—2Б14-1.10.3 型衬垫；
4—2К-25×800 ГОСТ 18176-79 型套带；
5—2Б14-1.10.11 型绳子

图 2.32　背包
1—2Б14.75.3 Сп 型肩垫；
2—3Т-35×530 ГОСТ 18176-79 型背带；
3—2Б14.75.5 Сп 型搭扣；
4—2Б14.75.3 型布包

（4）肩背携行箱，需要以下操作：
① 用衬垫将背具放置在地上，并将所有背带放在一侧。
② 将背箱手把放在背具上部位置（带框架）。
③ 将缝有扣环的主背带 1 长端搭在背箱上，通过背箱手把和框架拉紧。

第 2 背箱像第 1 个一样放置，将缝有扣环的主背带 1 长端搭在背箱上，通过背箱手把拉紧；系紧背带并用扣环可靠扣紧。

④ 翻转背具，衬垫 3 朝上，并将肩带 2 向背带 4 扣紧。

图 2.33 为携行箱背具。

图 2.33　携行箱背具
1—10.20.000 型主背带；2—10.10.000 型肩带；3—10.00.001 型衬垫；4—10.40.000 型背带

炮班成员背负迫击炮组件位置如图 2.28 所示。

当迫击炮组件装入携行背具后，由炮班以人力携行至其他发射阵地。

习题

1. 简述 2Б14 型迫击炮的用途、编配以及迫击炮炮班组成。
2. 简述 2Б14 型迫击炮配备的迫击炮弹。
3. 简述迫击炮弹的结构和杀伤迫击炮弹的结构。
4. 简述 3C93 型照明弹的结构。
5. 简述发射装药的结构和组成。
6. 简述迫击炮的结构总图和主要结构。
7. 简述防重装填保险器的用途和结构。
8. 简述射击时迫击炮组件结构的一般作用原理。
9. 简述双脚炮架的用途和主要部分。
10. 简述 МПМ-44М 型瞄准镜的用途和结构。
11. 简述 К-1 型标定器的用途和结构。
12. 简述 ЛУЧ-ПМ2М 型照明具的用途和结构。
13. 简述迫击炮转换时的安全措施。
14. 简述迫击炮可能出现的故障和原因及排除方法。
15. 简述迫击炮携行背具的用途和组成。

第 3 章
2C12 型 120 mm 迫击炮系统——"雪橇"

3.1 2C12 型迫击炮系统的用途和编配

2C12 型迫击炮系统（图 3.1）包含 2Б11 型 120 mm 迫击炮、2Ф510 型运输车和 2Л81 型轮式牵引架。

图 3.1　2C12 型迫击炮系统[①]

2Б11 型迫击炮的用途：
① 歼灭或压制暴露的或者位于野战掩体内的有生力量和火器；
② 歼灭或压制位于陡峭的反斜面高地、深洼峡谷、森林中的有生力量和火器；
③ 歼灭或压制主要位于反斜面高地、沟壑、轻型掩体中的迫击炮连，以及反击直接靠近防御前线的火器；
④ 破坏掩体、战壕、运输通道和轻型土木工事；
⑤ 在金属障碍地带开辟通道；
⑥ 战场上伴随步兵；

---

① Когда Боги войны не спят. Фото ТАСС, See. https：//smitsmitty.livejournal.com/251711.html；https：//news2.ru/story/463773/.

⑦ 抵抗敌人的攻击和反攻。

迫击炮连可编配于摩步（伞降、空降突击）营、摩步团（旅）。一个连配 6 门迫击炮。

由于迫击炮弹威力大、射速高、射程远、密集度高、质量轻、机动性强，尤其能对步兵提供及时有效的火力支援。

迫击炮弹道弯曲，且战斗状态时所占空间相对较小，因此可以将迫击炮布设于敌方火力难以触及的深掩体中。

迫击炮从炮口装填，配有光学瞄准镜和照明装置，可在夜间进行瞄准射击。

3.2 战术技术性能和使用弹药

主要战术技术性能如下：

口径	120 mm
射程 max/min	7 100 m/480 m
最大初速	325 m/s
杀伤迫击炮弹质量	16 kg

射界
- 高低射界 ……………………………………………… 45°~80°
- 方向射界（不动双脚架）……………………………… 5°
- （挪动双脚架）………………………………………… 26°

质量
- 系统总质量（含弹药、备附具、炮班）……………… 5 968 kg
- 迫击炮战斗全质量 …………………………………… 210 kg
- 带轮式行驶装置的迫击炮质量（行驶状态）………… 300 kg
- 座钣质量 ……………………………………………… 80 kg
- 炮身（带保险器）质量 ……………………………… 74 kg
- 炮架质量 ……………………………………………… 55 kg

迫击炮从战斗（行驶）状态到行驶（战斗）状态转换时间 ……… ≤3 min

射速
- 瞄准 …………………………………………………… 达 10 发/min
- 瞄准无修正 …………………………………………… 达 15 发/min

炮班（不包含驾驶员，有炮长、瞄准手、装填手、装定手、弹药手）…… 5 人

击针突出量
- 在"Ж"位置 …………………………………………… −1.6~2.6 mm
- 在"C"位置 …………………………………………… −2.4~2.8 mm

3.3 弹药基数及组成和迫击炮弹结构及发射前准备

3.3.1 迫击炮弹药基数及组成

迫击炮弹药基数为80发杀伤爆破弹。ГАЗ-66式运输车可运载48发,"УРАЛ"式运输汽车可运载56发,以2发装箱。其他弹药由运输连运输。表3.1为2С12型迫击炮系统配备弹药。

表3.1 2С12型迫击炮系统配备弹药

编号	迫击炮弹的名称和缩略代号	迫击炮弹缩略代号	迫击炮弹丸质量/kg	发射装药质量/kg	引信型号
1	结构优化的钢性铸铁杀伤爆破迫击炮弹,ППЗ ВОФ-843ТБ	ОФ-843Б	16.0	0.51	М-12 ГВМЗ-7
2	杀伤爆破迫击炮弹,带无线电引信,ППЗ ВОФ-3	ОФ-5	15.61	0.51	АР-27
3	大威力杀伤爆破迫击炮弹,ППЗ ВОФ-53	ОФ-34	15.9	0.51	М-12
4	大威力高强度铸铁杀伤爆破迫击炮弹,ППЗ ВОФ-57	ОФ-36	15.9	0.51	М-12
5	钢性铸铁发烟迫击炮弹,ППЗ ВД-843А(ВД)	ВД-843А	16.0	0.51	М-12
6	照明迫击炮弹 ВС-843,ВС-24	Д-5		0.51	ГВМЗ
7	燃烧迫击炮弹 В3-4	С843,С932	16.02	0.51	Т-1
8	大威力远程发射装药的杀伤爆破迫击炮弹	ОФ-34	16.3	0.75	Т-1
9	大威力远程发射装药的高强度铸铁杀伤爆破迫击炮弹	ОФ-36		0.75	
10	远程发射装药的钢性铸铁发烟迫击炮弹	Д-843Б		0.75	

注:ОФ-843—钢弹体;А—钢性铸铁;Б—结构优化的钢性铸铁;С—高强度铸铁。

在必要情况下，照明弹、发烟弹和燃烧弹被运送到各分队。

除以上弹药外，迫击炮还可使用导弹"Грань"。但这类弹药未列入迫击炮战斗系统，只能供补充之用。

3.3.2 迫击炮弹丸的总体结构

迫击炮弹丸和弹药的结构特点如图3.2~图3.7所示。

照明弹和燃烧弹有指定的信管替代引信。引信可定时启动并为抛射药提供火焰推力。在弹体破坏后，抛射药在既定的高度（距离）起爆或引燃，此时照明弹释放出照明炬（纵火体）。

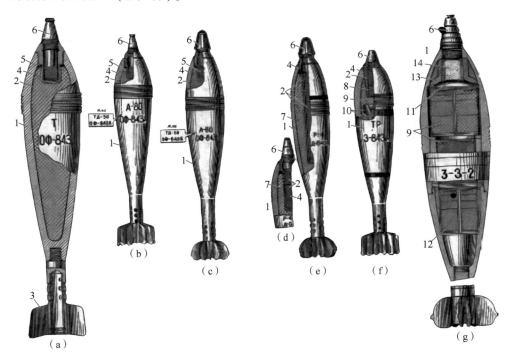

图3.2 迫击炮弹丸

（a）带引信的钢制杀伤爆破弹；（b）带引信的钢性铸铁杀伤爆破弹；
（c）带引信的钢性铸铁十尾翼杀伤爆破弹；（d）带引信的钢性铸铁发烟弹；
（e）Д-843A型带引信的钢性铸铁发烟弹；（f）带引信的钢性铸铁燃烧弹；
（g）带信管T-1的钢性燃烧弹

1—弹体；2—炸药；3—尾翼；4—传爆管；5—引爆剂；6—引信；7—发烟剂；
8—引燃管；9，12—燃烧剂；10—燃烧件；11—隔片；13—衬垫；14—抛射药

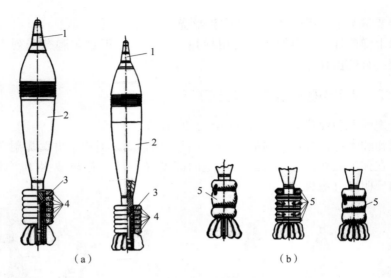

图 3.3 迫击炮弹药

（a）53-ВОФ-843Б 型弹药；（b）3ВОФ78 型弹药

1—M-12 或 ГВМЗ-7 型引信；2—53-ОФ-843Б 型弹丸；3—010/54-Ж-843 或 4з8.010 型基本发射装药；4—020/54-Ж-843 型药包；5—Сб 2/54-Ж-846 型附加药包

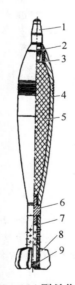

图 3.4 3ОФ34 型杀伤爆破弹丸

1—引信；2—扩爆管；3—纸垫；
4—弹体；5—炸药；6—接合体；
7—稳定管；8—尾翼；9—底火

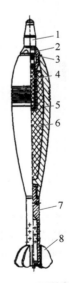

图 3.5 3Д5 型发烟弹

1—引信；2—扩爆管；3—铅垫；
4—扩爆药；5—弹体；6—发烟剂；
7—稳定管；8—尾翼

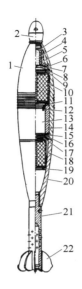

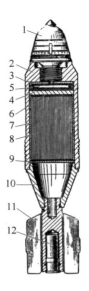

图 3.6　3-3-2 型燃烧弹丸

1—弹体；2—T-1 定时触发信管；3—抛射药；
4—带；5—衬垫；6—隔片；7，12，16，19—环；
8，17—垫片；9，11，15—中间环；
10，13，18—燃烧炬；14—支撑管；20—锥；
21—稳定管；22—尾翼

图 3.7　宣传弹丸[①]

1—定时信管；2—弹体；3—隔板；
4—闭气支撑板；5—抛射装药；
6—纸垫；7—半圆瓦；8—宣传品；
9—支撑板；10—尾部；11—尾翼；
12—基本装药

3.3.3　发射前的弹药准备

发射前，必须遵守以下基本规则：对炮弹进行分级，选出同一弹重符号的弹丸；清理炮弹弹体上的油、污渍、雪；检查炮弹、引信和炸药的弹体；配齐附加药包。

在同一发射装药条件下，重弹比轻弹飞行距离更近。因此，若发射不同弹重符号的弹丸，使弹道散布变大，会使试射和破坏射击消耗更多的弹药和花费更多的时间。

射击应挑选同一弹重符号的弹丸。

不能用同一弹重符号的弹丸进行试射，应改用另一弹重符号弹进行破坏射击。

在发射阵地，必须按弹重对弹丸进行分级（按刻在迫击炮弹体上的弹重符号：H、+、-）。

从迫击炮弹体上清除油、污渍和雪。在发射前必须仔细清洁弹体，清除污渍、雪、油脂，因为这些会对基本装药的燃烧产生不利影响，并且难以点燃附加发射药包。

---

① https://www.agitka.su/old/index.php/arsenal/82-ussr/162-mortar82.

需要特别注意的是，要保证稳定管和稳定尾翼的完全干燥，且传火孔内没有雪和油脂。

检查弹体、引信和发射装药。清理炮弹弹体时，必须检查稳定尾翼是否出现弯曲或断裂，稳定装置是否确实拧紧到炮弹弹体上，弹体是否有裂纹等。这类缺陷或许是迫击炮弹无法飞行或散布大的原因。不允许发射缺陷弹。

检查稳定装置时，要注意基本发射装药完全装入稳定管内；检查3ОФ34和3ОФ36型迫击炮弹时，还需检查是否已经装有两个紧钉螺钉或螺母及基本发射装药固定螺钉。若基本发射装药未装到位，会导致瞎火。

为避免意外，不得发射战场上收集的弹丸。

检查引信时，需要检查引信是否完全拧入弹体，以及引信上是否有防护帽。由于疏忽使引信没有完全拧入弹体，可能出现导致炮弹在目标处不完全爆炸的因素。如果引信本体上没有工厂代号、批号和生产年份，则不许用于射击。

检查发射装药时，要谨记火药尤其是硝化棉火药有吸湿性，而受潮的火药很难点燃和燃烧。受潮火药的缓慢燃烧经常会导致近弹。因此，附加药包的包装不得长时间置于雨雪条件及水中，因为其包装无法经受如此的储存条件，火药会受潮且药包会吸湿。

应当直接在射击前打开包装并准备射击所需的弹药数量。

禁止用受潮的附加发射药包、外壳受潮和金属管座发绿的基本发射装药发射。

要注意发射装药代号，不允许同时使用不同批次的发射装药。

发射装药配套弹丸。发射装药配套弹丸时，须仔细关注弹丸和装药，准确分组，指明每组装药号。

稳定管上挂装附加药包时，需要注意（尤其在严寒天气）避免损坏药包。附加药包必须牢固固定。

发射装药号组成，发射装药54-Ж843、4э8、4-3-11：

一号——基本发射装药+1个药包；

二号——基本发射装药+2个药包；

三号——基本发射装药+3个药包；

四号——基本发射装药+4个药包；

五号——基本发射装药+5个药包；

六号——基本发射装药+6个药包。

54-Ж846远程装药——基本发射装药+远程药束。

发射时注意弹药基数。

带ГВМ3-7和М-12型引信的杀伤爆破弹发射时，为获得炮弹的杀伤作用，需要将引信装定在"О"标记点；为获得炮弹的爆破作用，需要将引信装定在"З"标记点。

不允许发射未摘下引信防护帽的炮弹。若引信防护帽已摘下,要小心防护炮弹跌落或碰撞。

当瞎火时,从身管中取出炮弹,确保完整性且炮弹上所有附加药包完备,并仔细检查引信。若因炮弹的基本发射装药造成瞎火,但引信和稳定装置完好无损,则炮弹可以重新使用。此时,可从迫击炮身管中取出炮弹,为引信旋上防护帽,取下附加药包,用取药器将基本发射装药从稳定管中取出,换上备用药。备用基本发射装药套在稳定管端支撑处,然后重新套上附加药包。

3.4 2C12 型迫击炮系统组件机构的结构和作用原理

3.4.1 2C12 型迫击炮系统的组成

2C12 型迫击炮系统的组成如下:

① 2Б11 型迫击炮(图 3.8)用于使用曲射火力消灭(压制)敌方有生力量和火器,并破坏野战防御设施。迫击炮由 6 个主要部分组成,即炮身、座钣、双脚炮架、防重装填保险器、瞄准镜和备附具。

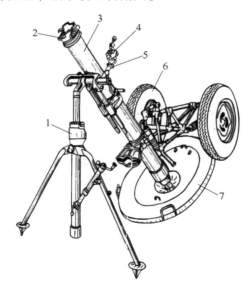

图 3.8 射击时的 2Б11 型迫击炮和未分离的 2Л81 型轮式牵引架
1—双脚炮架;2—防重装填保险器;3—炮身;4—МПМ-44М 型瞄准镜;
5—瞄准镜座;6—轮式牵引架;7—座钣

② 2Л81 型轮式牵引架用于炮班人力短距离转移迫击炮,或者装(卸)迫击炮至运输车平台上(或车厢)。在必要情况下,挂在汽车后牵引迫击炮(车速达

60 km/h)。

③ ГАЗ-66-15 式运输车（型号 2Ф510）用来运输平台上（或车厢中）带轮式牵引架的迫击炮、短距离牵引迫击炮，以及运输弹药、备附具和炮班。

④ 9Ф32 型系统用于固定弹药、迫击炮、瞄准镜和备附具。

⑤ 备附具用于迫击炮操作使用和日常维护。

图 3.9 为射击状态的 120 mm 迫击炮系统。

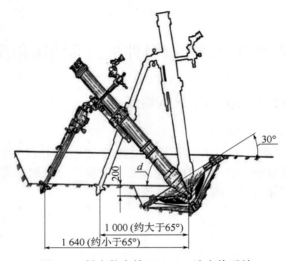

图 3.9 射击状态的 120 mm 迫击炮系统

3.4.2 2С12 型迫击炮系统机构和组件的相互作用

射击时由于后坐，身管和炮箍、缓冲机本体后移，而带方向机的双脚架和缓冲机杆由于惯性保持不动。此时，缓冲机弹簧受压，减轻对双脚架的冲击。射击后，弹簧伸长，向后压双脚架，而身管在座钣和土壤弹性抗力作用下前移，之后火炮处于初始位置。

3.5　2Л81 型轮式牵引架

轮式牵引架（图 3.10）由托架和牵引杆等组成。

托架是一个将车架、套箍、缓冲机、悬挂装置和车轮连接为一个整体的组件。

车架是轮式牵引架的主要承载部分，为管状焊接结构，其上安装托架的其他组件。

在车架支耳上通过轴、垫圈和开口销铰接固定缓冲机杆。

缓冲机用于轮式牵引架挂在汽车后牵引时缓冲托架。

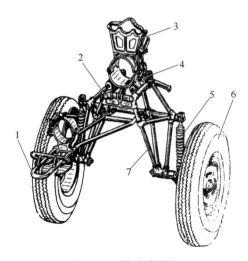

图 3.10 轮式牵引架
1—牵引杆；2—托架；3—套箍；4—缓冲机；5—悬挂装置；6—车轮；7—车架

套箍用于在运输时固定炮身和迫击炮双脚架。套箍为焊接结构，由铸造半环、垫板、瓦盖、夹紧器组成。

缓冲机用于轮式牵引架不分离射击时降低由于炮身后坐引起的作用在轮式牵引架上的力。缓冲机安装在托架上，由铰接在托架上的两个杆、弹簧和垫圈组成，套箍压缩弹簧。

悬挂装置用于迫击炮牵引时减轻车轮对车架的冲击。它由两个杠杆和两个弹簧缓冲机组成。

缓冲机是一个内筒式导向的弹簧，由弹簧、套筒和衬套组成。

牵引杆是用于连接轮式牵引架与汽车的牵引装置。牵引杆与行军状态下固定迫击炮炮身的套箍焊接成骨架结构。

3.6　2Ф510 型运输车

2Ф510 型运输车（图 3.11）用于运送迫击炮、弹药、整套备附具和炮班，以及以轮式牵引架牵引迫击炮。

运输车为配装套件 2Ф32 的 ГАЗ-66-15 式汽车。套件 2Ф32 装在汽车平台上，用于固定弹药、迫击炮、瞄准装置和整套备附具。

在配装汽车上仅需改装平台。平台改装内容如下：

① 前栏板上安装 4 个固定链条的支架；

② 在半平台上安装迫击炮固定用的 2 个垫木和 1 个支架；

火炮武器：迫击炮

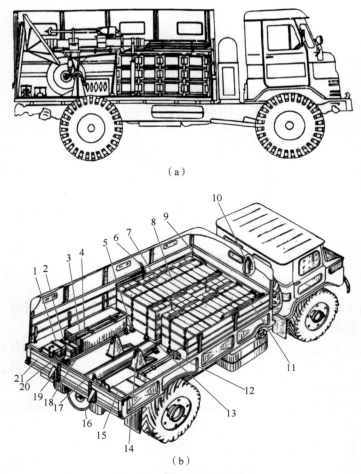

图 3.11 2Ф510 型运输车

（a）迫击炮在运输车上，由车厢前栏板向左依次是 K-1 型标定器的三脚架、弹药箱、2Б11 型迫击炮、2Л81 型轮式牵引架①；（b）各式装备在运输车厢内的位置图示

1—ЛУЧ-ПМ2М 型照明具箱；2—МПМ-44М 瞄准镜和 K-1 型标定器的包装箱；3—铁棍；4—标杆；5—锁；6—镐；7—弹箱；8—链；9—支架；10—灭火器；11—K-1 型标定器的三脚架；12—铁锤；13—支架；14—基座；15—备附具箱；16—限制器；17—滑架；18—铁撬；19，20—支臂；21—ГАЗ-66-15 式汽车

③ 后左栏板固定 2 个箱子：一个是照明具箱，另一个是瞄准镜和标定器箱；

④ 后右栏板固定一套备附具箱；

⑤ 左轮箱上固定铁棍和标杆；

---

① Полулярное оружие. https://popgun.ru/viewtopic.php? t=250700.

⑥ 右轮箱上固定铁锤；

⑦ 半平台上固定带过渡环的链锁，用于固定弹箱；

⑧ 半平台支架之间安有 2 个滑架，后栏板上安装用于在轮式牵引架上拖动迫击炮的支臂；

⑨ 在左栏板上固定镐；

⑩ 在右栏板上固定标定器的三脚架；

⑪ 左轮箱附近固定 2 把铁撬；

⑫ 在汽车后保险杠上安装了限制器，以防止迫击炮在轮式牵引架上牵引时翻倒。限制器是一根沿圆弧弯曲的杆，铰接在汽车的保险杠上。

除了 ГАЗ-66 式汽车，运输 2Б11 型迫击炮的基型车还有 УРАЛ-43206-С651（2С12А 系列，图 3.12 和图 3.13）。该车配备了绞车，可运输 28 箱弹药。

图 3.12　运载 2С12А 型迫击炮系统的运输车①

运输车离地高 ·· 400 mm

轮距 ·· 2 040 mm

运载弹药 ·· 56 发

质量（带弹）·· 1 120 kg

轮廓尺寸（高度、长度、宽度）············· 2 992 mm/7 776 mm/2 820 mm

图 3.13　迫击炮在 2Ф510 型运输车车厢内②

① Фото А. В. Карпенко. http://bastion-karpenko.ru/2b14-podnos-tm-2014/；Национальная оборона.

② Виталий Кузьмин. https://www.vitalykuzmin.net/Military/Interpolitex-2012/i-2vPjk5g/；Вооруженные силы России и мира. http://oruzhie.info/artilleriya/587-minometnyj-kompleks-2s12-sani.

3.7 2Б11型迫击炮

2Б11型迫击炮由炮身、炮架、座钣、防重装填保险器和瞄准装置等组成（图3.14）。

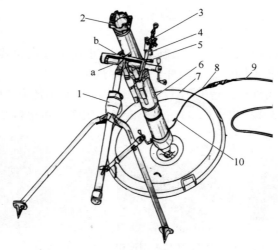

图 3.14　2Б11型迫击炮

1—炮架；2—防重装填保险器；3—МПМ-44М型瞄准镜；4—瞄准镜架；5—夹紧器手柄；
6—炮身；7—座钣；8—细绳索；9—拉火绳；10—把手；a，b—刻线

迫击炮的炮身用来发射弹丸和赋予弹丸飞行方向。

炮身由炮尾、身管和闭气环组成。

炮尾（图3.15）由炮尾体、带拨动装置和击针机的击发装置及击针机盖等组成。

炮尾体是一个圆筒，由锥体过渡为球体，有平面棱边和连接身管的盲孔。炮尾体内部有身管连接螺纹。

炮尾体底部有拧入座钣的螺纹孔；炮尾体侧边有拨动装置安装孔。

炮尾体的外表面刻有字母"Ж"和"С"，分别表示击针的相应位置：固定位和活动位，也是拨动装置的手柄位。

为检查炮尾在身管上的松紧，其上标有刻线。

击针机盖用于安装击针机和为击针导向。

身管为滑膛。在身管外表面的炮口部加粗后用来固定防重装填保险器，而炮尾部螺纹用来连接炮尾，且带槽圆锥面用来压紧闭气环。

身管中部的凸缘槽前段用于安装炮箍，后段用于安装2Л81型轮式牵引架的套箍。

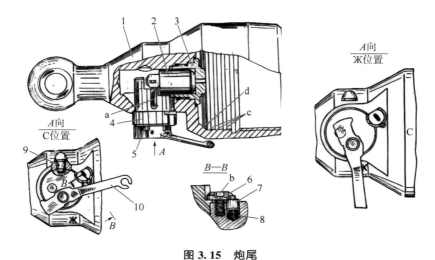

图 3.15 炮尾

1—炮尾体;2—击针机;3—击针机盖;4—拨动机构;5—滑块;6—螺栓;7—浮销;
8—弹簧;9—定位销;10—手柄;a, c, d—槽;b—窝

身管上部有一个检查面,带象限仪放置刻线,所刻白标线用于检查瞄准零线。
发射时,闭气环可以防止身管与炮尾的连接处有火药燃气漏出。
击发装置(图 3.16)用于拨动击针并处于待发、撞击底火。
击发装置由拨动机构和击针机构成。

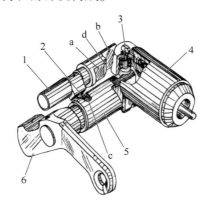

图 3.16 击发装置

1—滑块;2—滑块销;3—锁扣;4—击针机;5—拨动子;6—拨动子手柄;
a, b—支承面;c—沟槽;d—斜面

拨动机构用于拨动和释放击针机,确定发射方式,即拉发或迫发。
拨动机构由机体、滑块、拨动子、拨动子手柄和螺钉组成。
机体是一个圆柱体,内部装有滑块和拨动子。拨动子一端扁平面用于拨动和释放击针机，另一端套有螺钉紧定的手柄。

手柄上有切口孔，用于固定拉火绳索。

在"Ж"位置时，滑块以其支承面固定击针机，并在拉发射击时以支承面限定击针脱离击针机。

击针机（图3.17）用于击针撞击底火。

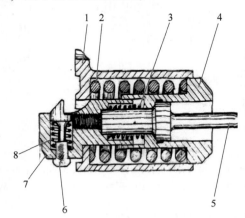

图 3.17　击针机

1—套筒；2—击发弹簧；3—击针簧；4—衬套；5—击针；6—锁扣；7—击锤；8—锁扣弹簧

击针机由套筒及在其内安装的击发弹簧、衬套组成。击针旋入击锤，击针和衬套之间安装回位弹簧。

3.7.1　击发装置的机构相互作用

1. 初始状态

击发装置初始状态包括：

① 拨动子头处于垂直状态，在弹簧作用下，套筒通过自身齿支撑在拨动子头上；

② 弹簧以另一端将衬套压在击针机盖的内端面上；

③ 受弹簧作用的击针和击锤压至击针支承锥面与衬套锥腔贴合，此时击针缩入击针机盖平面内；

④ 锁扣在弹簧的作用下被推到最低位置；

⑤ 滑块处于伸出位置（朝向手柄），即对应"C"位置；

⑥ 滑块销位于拨动子槽"c"处（详见图3.16）；

⑦ 手柄处于"C"位置。

2. 待发状态

在击针处于待发方式时，拨动机构用于使击针机成待发状态。拉紧固定在手柄上的拉火绳：

① 手柄带拨动子逆时针转动；
② 拨动子头抵住锁扣，推动它与击锤、击针、衬套一起后移，此时拨动子头的背面推动套筒前移；
③ 弹簧双向受压。

3. 击发

拨动子头继续转动时，锁扣与拨动子头脱开，此时：
① 拨动子头反面将套筒压至最前位置；
② 弹簧伸长，快速将衬套、击针和击锤前推；
③ 衬套到达击针机盖端面并停止；
④ 击针和击锤靠惯性继续前移，此时压缩弹簧的击针超出击针机盖，打击底火，之后进行发射；
⑤ 火药气体作用击针和击锤，后退至击锤支承面与滑块支承面相抵，此时击针以自身锥面贴在衬套锥腔上；
⑥ 锁扣移动，通过拨动子头压缩弹簧，击针通过后，锁扣下垂；
⑦ 弹簧拉火绳松开后，套筒移动，使拨动子头回转，移动衬套、击针和击锤回至初始位置。

4. 击针刚性位置

在击针位于"Ж"位置时的射击方式下，击针头伸出击针机盖，此时：
① 顺时针旋转手柄，直到其短杆支承面与滑块突起端相抵为止，然后滑块前压到限位，手柄安装在炮尾上字母"Ж"对面；
② 拨动子头推动套筒向前，抵住套筒的齿槽，并处于水平位置，弹簧受压且拨动子头保持在该位置；
③ 滑块通过支承面斜面向前推动击针和击锤，使击针头突出击针机盖，此时击针簧受压，滑块支承面将击针和击锤锁在"Ж"位置；
④ 滑块前压时，定位销沿螺旋槽滑动至槽底，防止滑块返回至初始位置。

击针回到初始位置，需要逆时针转动手柄至"C"，此时：
① 拨动子通过自身螺旋槽"c"向外推动定位销和滑块；
② 弹簧和击针簧分别将套筒、击针与击锤回至初始位置。

5. 瞎火

瞎火（弹底火未引燃）时，拉火绳放松后，通过弹簧作用的套筒，使拨动子头回到初始位置，即击针和击锤也在弹簧作用下回到初始位置。

3.7.2 炮架

炮架（图 3.18）用于在战斗状态时支撑迫击炮炮身，并调整炮身高低射角和方位射角。

炮架由带高低机和水平调整机的双脚架、方向机、两个缓冲机、炮箍和瞄准镜架等构成。

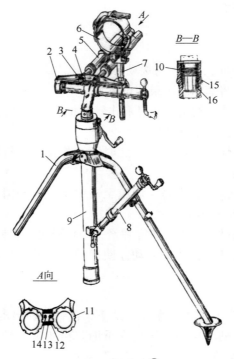

图 3.18　炮架①

1—双脚架；2—方向机；3—螺母；4—止动垫圈；5—缓冲机；6—炮箍；
7—瞄准镜架；8—水平调整机；9—高低机

双脚架借助高低机筒与方向机连接，高低机筒旋入方向机套筒中。缓冲机朝方向机安装，套在炮箍上。瞄准镜架套在方向机本体上。

双脚架由两个管状支架、高低机和水平调整机构成。支架为焊接结构，由管、横杆和驻锄组成。支架通过横杆连接高低机本体。为防止支架展开，支架横杆上焊有限位块，支架上焊有固定水平调整机的轴。

水平调整机通过叉头、手柄与高低机体连接。在行军状态，水平调整机与高低机分开，逆时针旋转约270°，装在本体固定器上。

高低机（图3.19）用于调整迫击炮炮身高低射角。

---

① 原著中图3.18存在零、部件序号10、11、12、13、14、15、16，但图注中未列出，其名称不详。——译者

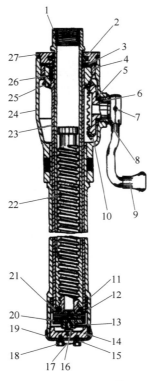

图 3.19　高低机①

1—螺筒；2—毡圈；3—垫圈；4，8，11—衬套；9—手轮；10，25—锥齿轮；13—滚珠；14—支座；16—轴套；19—底盖；20—底座；21—螺塞；22—螺钉；23—主筒；24—本体；27—盖子

高低机是手传动螺杆副，通过安装在焊接本体内的锥齿轮带动螺杆回转。手轮 9 带动螺杆副转动。

高低机调整操作如下：转动手轮时，齿轮带动连接主筒的齿轮和螺杆转动，和方向机筒相连的螺筒上下移动，由此改变迫击炮炮身的高低射角。

水平调整机（图 3.20）用来调平瞄准镜横向水准器。

水平调整机为螺杆式。带螺母的筒置于本体内，一端连接螺杆，另一端连接叉头。手柄安装在螺杆端头。

水平调整机布置在双脚架左支架的轴上。

---

① 原著中图 3.19 存在零、部件序号 5、6、7、12、15、17、18、26，但图注中未列出，其名称不详。——译者

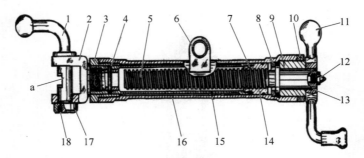

图 3.20 水平调整机①

1,11—手柄;2—叉头;3—衬套;4—圆柱销;5—螺钉;6—连接耳;9,10,14,17—螺母;
12—油脂嘴;15—螺筒;16—本体;a—槽

水平调整机调整操作如下:转动手柄时,螺杆回转,带动本体内带螺筒的螺母平移,然后带有缓冲机的高低机、带瞄准镜的方向机、炮箍相对轴倾斜。按瞄准镜横向水准器调平。

为润滑螺杆副,在螺杆端头装有油脂嘴。

方向机(图 3.21)用于迫击炮在水平面内精确瞄准。

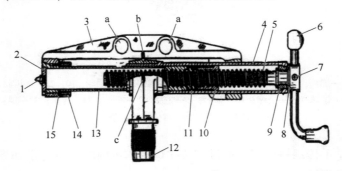

图 3.21 方向机②

1—油脂嘴;2—螺塞;3—本体;4—护罩;5—螺杆;6—手轮;9—衬套;10,14—螺母;11—弹簧;
12—套筒;13—筒;a—孔;b,c—刻线

方向机为螺杆式。本体为方向机的主体。本体支耳内套入套筒、衬套以及带螺母和螺塞的筒;套筒套在筒外,沿筒移动;螺母和筒内拧入螺杆,螺杆端头套装手轮。

方向机的调整操作如下:手轮转动时螺杆旋转,带动螺母移动,同时带动缓

---

① 原著中图 3.20 存在零、部件序号 7、8、13、18,但图注中未列出,其名称不详。——译者
② 原著中图 3.21 存在零、部件序号 7、8、15,但图注中未列出,其名称不详。——译者

冲机的套筒、炮箍和炮身随之相对双脚架移动。

螺塞上装有油脂嘴用来润滑方向机的螺杆副。

缓冲机用来缓冲射击时由于炮身后坐引起的炮架受力。

缓冲机为空心圆柱筒，内装有杆和弹簧。杆外表面在衬套内滑动。衬套顶在杆轴肩上，压缩弹簧。

射击时，迫击炮系统机构和组件的相互作用详见 3.4.2 小节。

炮箍（图 3.22）用于连接炮身和炮架，由夹紧器和带瓦盖的半圆箍组成，瓦盖和半圆箍靠轴、垫片和开口销连接。

炮箍通过夹紧器固定在炮身上，夹紧器由螺栓、带管的凸轮组成，二者通过垫片和轴连接在一起。

在闭合状态，夹紧器的手柄用衬套轴固定在瓦盖凹槽内。打开炮箍时，拉手柄，从瓦盖挂钩处槽内解脱衬套轴，然后夹紧器松开瓦盖。

在炮连构建射向时，用瞄准镜架固定 МПМ-44М 型瞄准镜，瞄准镜调平并对瞄。

瞄准镜架由本支架、叉头、支臂构成。支臂安装在箍圈上；箍槽内安装螺圈，其上

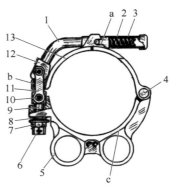

图 3.22　炮箍①

1—夹紧器；2—弹簧；3—手柄；
4—轴；5—半圆箍；10—轴；
11—垫片；12—凸轮；13—瓦盖；
a—槽；b—支撑；c—斜面

旋有螺杆。瞄准镜调平用手动转螺杆实现，此时螺圈沿螺杆移动，使箍圈、支臂和瞄准镜相对于平行炮膛轴线的轴产生摆动。

座钣用于射击时将迫击炮炮身后坐力传递给土壤，并保证炮身发射稳定性。

座钣为焊接结构，由支承板（上主板）、支承槽、轴、筋、条、弧板、小筋、支承块、手把、卡板组成。

为方便携行，座钣上焊有 4 个手把。为方便固定在轮式牵引架上，焊有 2 个支承块、卡板。

防重装填保险器（图 3.23）用于在炮身中有前发弹时，防止迫击炮重复装填的可能性。

需要注意的是，在射击时，如果装填弹靠近保险器前发弹，则可能引起两发弹碰撞（飞出弹和临近弹），并在炮口处爆炸。

---

① 原著中图 3.22 存在零、部件序号 6、7、8、9，但图注中未列出，其名称不详。——译者

防重装填保险器由本体、两个保险装置、螺母、两个半环、弹簧等组成。

本体为带凸起和4个切槽的空心柱体。2个切槽用于安装保险装置,另外2个用于射击时排出火药气体。本体下方有外螺纹用于旋入螺母,内部的环状凸起用于本体在连接炮身时顶在炮口断面。

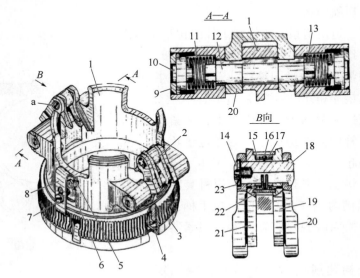

图 3.23　防重装填保险器①

1—本体;2—保险装置;3—螺母;4—半环;5—止动垫圈;8—止动器;9—端盖;10—支架;
11—左弹簧;12—挡弹板轴;13—右弹簧;20—挡弹板;a—凸起

保险装置固定在本体内的轴上,仅和弹一起回转。

保险装置在炮弹装入炮膛后,用于遮盖炮膛。保险装置由挡弹板、轴、两个双臂止动器、两个弹簧、保护环和垫圈组成。

下面介绍保险器各部分的相互作用。

① 装填前。迫击炮保险装置处于初始状态,即"打开"状态。在该状态时,挡弹板由止动器支撑,其挂钩与本体齿啮合,而台肩位于炮弹装填运动通道上,但不妨碍炮弹尾部和其上所固定装药的自由通过。

② 装填时。炮弹滑过保险器,以其后卵型部压在止动器台肩上,克服弹簧阻力,绕轴转动,和保险器本体齿脱离啮合。这时,在挡弹板弹簧作用下,保险装置转动,转为"关闭"状态,遮盖炮膛,同时阻止迫击炮装填第二发炮弹。

---

① 原著中图 3.23 存在零、部件序号 6、7、14~19、21~23,但图注中未列出,其名称不详。——译者

③ 发射时，火药燃气向前越过炮弹推开保险装置，炮膛通畅便于弹丸飞行。保险装置回转至挡弹板限位面与保险器本体表面相抵为止。在保险装置回转时间内，炮弹顺利飞离炮膛，不与其碰触。

④ 发射后，火药气体作用结束，保险装置挡弹板在弹簧作用下向后回转。止动器在保险装置弹簧作用下与保险器本体齿啮合，将保险装置锁定在装填前的"打开"状态。

瞄准装置用于调整迫击炮炮身相应的高低射角和对目标的迫击炮方向角。

2С12 型迫击炮瞄准装置由 МПМ-44М 型瞄准镜和 К-1 型标定器，以及ЛУЧ-ПМ2М 型照明具组成，与 2Б14 型迫击炮类似（详见第 2 章 2.8 节）。

3.7.3　备件、附件和工具（备附具）

备附具用于 2С12 型迫击炮系统日常操作使用、技术维护和维修保养（图 3.24），可以细分为单套、组套和修理套。

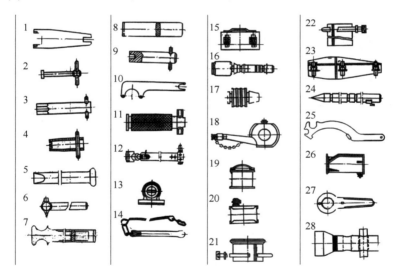

图 3.24　备附具简图

1—组合扳手；2，4—管扳手；3—套筒扳手；5—撬棍；6—锤子；7，8—扳手；9—引信扳手；10—零件扳手；11—底火扳手；12—瞄准镜架；13—象限仪；14—拉火绳和弹簧钩；15—工具包；16—炮刷；17—擦膛机；18—注油器；19—油脂筒；20—油筒；21—炮身套；22—炮刷套；23—炮尾套；24—标杆；25—保险用组合扳手；26—保险器套；27—车轮扳手；28—车轮螺母扳手

单套备附具每个零件都存放和固定在运输车平台上的箱中，如图 3.25 所示。

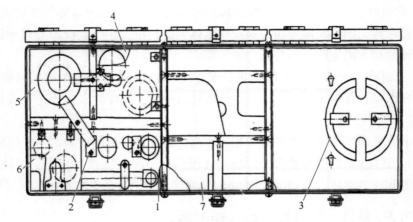

图 3.25　火炮单套备附具统一装箱
1—瞄准镜模块；2—盖子；3—闭气环模块；4—击针机模块；5—擦拭模块；
6—润滑油箱模块；7—灯具模块

3.8　使用迫击炮时的安全措施

弹药操作工作开始前，务必对炮班成员依安全规则进行系统指导。

不允许发射弹药的情况：稳定装置未拧紧；炮弹弹体有裂纹；稳定装置的尾翼弯曲或折断；点火药未完全装入稳定管内，或装入点火药后无空隙。

装填前必须直接摘下引信防护帽。

装填时，炮弹进入炮身后，装填手双手必须迅速离开炮身；装填后，用手掌捂住耳朵，将头低到保险器以下或与其余炮班成员一起后退至距迫击炮至少 3 m 的位置。

在不确保炮身内没有弹药的情况下，不允许装入第二发炮弹（重复装填）。

如果射击暂停，迫击炮已经装填的炮弹只能通过射击从炮膛内发出。

当瞎火或炮弹在膛内未到位时，必须在退弹前进行两三次击发。如果还没有发射，则需要等待至少 2 min，用力推动炮身（用擦炮杆、铲把、杆），再等待至少 1 min 后，再进行两三次击发。

禁止以下行为：

① 进行引信、点火药和附加装药的分解和拆除；

② 发射潮湿或撕破的附加药包、远射装药，纸壳受潮和点火药座变绿的装药；

③ 发射装有凹痕、划痕或其他形式损坏的 T-1 型引信的弹；

④ 增加超出射表规定的装药量，或发射使用同一点火药的弹；

⑤ 未按规格使用弹药；
⑥ 击针处于"Ж"位置时，分解迫击炮；
⑦ 改变已装填迫击炮的发射阵地；
⑧ 转换已装填迫击炮为战斗状态；
⑨ 在弹药附近吸烟、划火柴、生火。
严格禁止以下行为：
① 发射使用隔片损坏（断开的、太过微凹的、带裂纹的）的炮弹，因为这种情况可能引起炮弹在身管中早炸；
② 将弹丸与无防护帽的ГBM3-7、M-12、M-6和T-1型引信共同存放或运输；
③ 发射时使用损坏的防重装填保险器（无法安装在"打开"或"关闭"状态）。

3.9　2C12型迫击炮系统发射前的准备工作

火炮系统发射前必须要做的准备工作：
① 从运输车卸下迫击炮。
② 卸下瞄准镜箱、拉火绳等其他必要的发射用附件。
③ 卸下封装箱中的弹药。
④ 关闭车后栏板，展开运输车篷布，遮盖运输车。
⑤ 转换迫击炮成战斗状态。
⑥ 射击前，检查迫击炮。

迫击炮从行军状态转换成战斗状态：
① 松开座钣的行军固定器。
② 用轮式牵引架拉杆稍微抬起迫击炮身管，倾斜迫击炮，将座钣放入准备好的土壤坑中，整个座钣以底面撑在土壤中，与水平面倾角约为30°。
③ 放置双脚炮架，为此需要执行以下操作：
a. 通过按压转动手柄，解脱瓦盖间的啮合，此时无须从瓦座凸起上拆卸杠杆凸轮；
b. 从炮身上移开双脚架，瓦盖完全贴在瓦座上，扣成弧形后用手柄固定；
c. 展开支架并降低炮身，将双脚架驻锄支撑在土壤中，这时双脚架平面应大致垂直于射面，支架驻锄应插入土壤深至脚爪盘，与炮尾球杵的距离为1 m（采用大射角射击时）或1.64 m（如高低射角小于65°）。
④ 连接水平调整机和高低机，为此需要执行以下操作：
a. 顺时针展开水平调整机，使叉头对准高低机筒的方向；
b. 转动调整机手柄，将带叉头的筒伸出行程的1/3；

c. 预先将手柄置于水平状态,将叉头和手柄装到高低机筒支耳槽内;

d. 向下转动手柄;

e. 转动水平调整机的手柄,将方向机筒置于目视水平状态。

带轮式牵引架发射时,需要执行以下操作:

a. 打开固定器,拉动翻转至 90°的打开状态;

b. 打开轮式牵引架牵引杆套箍的夹紧器,将托架和牵引杆翻至地上。

不带轮式牵引架发射时,需要执行以下操作:

a. 打开轮式牵引架托架套箍的夹紧器;

b. 打开轮式牵引架牵引杆的夹紧器;

c. 翻转托架和牵引杆,把轮式牵引架推到一边。

⑤ 使用擦炮刷缠上干净抹布对炮膛除油和清洁。

⑥ 使用干净抹布擦去防重装填保险器上多余的油脂,将挡弹板置于"打开"状态。

⑦ 清除击发装置上多余的油脂,需要执行以下操作:

a. 按下弹簧销,顺时针转动螺钉,将拨动装置从炮尾中取出;

b. 用螺丝刀旋转击针机 90°,套筒齿向外,抽出击针机;

c. 使用干净刷子清除击针机表面多余油脂,但击针要完全除油;

d. 将击针机和拨动装置装入炮尾,将螺钉转回原位置,按下弹簧销。

⑧ МПМ-44М 型瞄准镜安装在瞄准镜架支臂槽内,需要执行以下操作:

a. 仔细清洁瞄准镜安装处支座和镜架支臂上的油污;

b. 顺时针转动支臂手柄;

c. 将瞄准镜轴插入镜架支臂槽中到限位处,使轴上销子进入支臂槽内;

d. 将支架手柄转到开始位置;

e. 检查瞄准镜的固定性,不应晃动。

⑨ 瞄准镜高度的设置,需要考虑到瞄准手的操作便利性、迫击炮连瞄准可见性和瞄准点,需要执行以下操作:

a. 逆时针转动手柄,松开方向机体上的瞄准镜架,必要时用力手压手柄;

b. 将带有瞄准镜的镜架手动垂直移动到所需的高度;

c. 顺时针转动手柄,锁紧镜架夹紧器。

⑩ 将拉火绳连接到拨动装置的手柄上,为此需将细绳索的第一圈套入手柄切口中,其第二圈连接到拉火绳钩上。预先将绳索穿过座钣的把手。

⑪ 检查拨动装置手柄位于"C"位置。

⑫ 将迫击炮身管置于中间位置,使连接筒上刻线与方向机体上的刻线对准。

3.9.1 迫击炮发射前检查

① 迫击炮外观检查,排除发现的故障。

② 检查高低机的工作情况；手轮转动应平稳、无卡滞和停顿，同时检查高低机下端是否触地，必要时在地面挖坑。

③ 检查方向机和水平调整机的工作情况；手柄回转应平稳、无卡滞和停顿。

④ 检查防重装填保险器在炮身上的固定，以及保险装置的工作情况。

手动将挡弹板拨到本体限位处。在弹簧作用下，挡弹板应有力无卡滞地返回到"打开"状态，并用止动器钩可靠地保持在该状态。如果手动按压止动器的自由端，挡弹板应有力无卡滞地回到"关闭"状态。

⑤ 使用拉火绳，拉动击发两三次，检查击发装置的工作情况。松开绳索后，拨动装置手柄应有力地转回到初始位置。击发装置从"С"位到"Ж"位的转换应自由。

⑥ 检查瞄准镜，必要时进行校瞄。

按照以下步骤进行瞄准装置的检查：

a. 进行瞄准装置的外观检查，确保组件完整齐套，清除污渍（尤其是光学零件）。

МПМ-44М 型瞄准镜的校瞄包括高低角零位规正检查和瞄准零线检查。

校瞄前，需要将迫击炮转换到战斗状态，使炮身位于 45°高低射角。

b. 按下列顺序校瞄瞄准镜零位规正：

- 将炮身置于中间位置，套筒的刻线需要与方向机体的刻线对齐；
- 将象限仪的指示和游标置于零；
- 将象限仪放置在方向机筒上；
- 调整水平调整机手柄，使象限仪水准气泡居中；
- 将象限仪置于 7-50；
- 将象限仪放在迫击炮的检查平台上，操作高低机，使水准气泡居中；
- 调整高低角装置的手轮将瞄准镜纵向水平气泡居中；
- 调整横倾装置的螺旋手柄，将横向水平气泡居中。

完成规定操作后，本分划应为 10-00，精分划应为 0。

c. 按距离瞄准点不小于 400 m 或距离检查靶板 40 m 进行瞄准零线检查。

按下列顺序进行瞄准零线检查：

- 选择瞄准点或放置检查靶板；
- 在迫击炮后方 10~15 m 处放置方向盘，垂直光轴应穿过炮杵中心（炮尾与座钣的连接处）和瞄准点（或检查靶板上右线）；
- 操作迫击炮方向机，使迫击炮身管上的白标线与方向盘光轴重合；
- 操作方位角机构手轮，使瞄准镜的垂直光轴对准瞄准点（或靶板上左线）。

完成操作后，方位角分划应置零（本分划值 30-00，精分划值 0-00）。

注意：如果没有方向盘，可以使用另一个迫击炮的瞄准镜进行瞄准零线规正，将其置于第一个迫击炮后方 10~15 m 或在后部 3~5 m 距离处吊铅垂。

3.9.2 迫击炮弹药装填

① 迫击炮装填前,准备弹药。

② 按指令设置击发装置。为了在击针位于"Ж"位置时设置击发装置,顺时针转动拨动装置手柄,直到它顶在滑块凸起端,然后手动将滑块按入拨动装置本体内,将手柄置于"Ж"指示对面。

③ 为了在击针位于"C"位置时设置击发装置,逆时针快速转动拨动装置手柄,直到它与"C"指示对正。

④ 为进行发射,拿已备好的炮弹,将其稳定装置放入炮身上安装的保险器中,落至弹丸中心凸起部时平稳松手入膛,无振动。

注意:为保证防重装填保险器的可靠工作,装填炮弹不应与炮膛轴线的倾斜角大于30°。

⑤ 弹丸下滑后,装填手必须立即迅速将双手从保险器上移开,捂住耳朵并弯下腰,头低至保险器本体下方,或后退离开迫击炮两三步远。

⑥ 弹丸下滑后,注意防重装填保险器的挡弹板应处于"关闭"状态。

⑦ 在击针处于"C"位置时,为射击需要将拉火绳拉到底,发射后松开。

注意:在装填手向炮长报告装填完成之前,禁止拉拉火绳。

⑧ 射击时严格遵守射击条件。

注意:注意每一次射击,瞎火时立即停止装填。如果上发弹拉发(C 位置)或迫发(Ж 位置)后,即使保险器的其中一个挡弹板为"关闭"状态,无论炮班是否听到或看到要进行和确定发射,也禁止迫击炮装填下发弹。

迫击炮从战斗状态转换成行军状态:

① 将瞄准镜分划置零,清洁瞄准镜的灰尘,取下放入包装箱内,将瞄准镜架降至初位。

② 从三脚架上取下标定器和标定器照明具,放入包装箱,折叠三脚架。

③ 从拨动装置手柄上解下拉火绳,清洁绳上的污垢,放入包装箱中。

④ 从炮尾上取出拨动装置和击针机,清理外表面积炭和油污,并薄涂一层ЦИАТИМ-201 油。

⑤ 清洁炮尾内表面的积炭并用 ЦИАТИМ-201 油包覆。

⑥ 将击针机和拨动装置插入炮尾。

⑦ 在保险装置外表面和保险器内表面用油包覆。

⑧ 炮膛涂 ГОИ-54 油。

⑨ 连接轮式牵引架,需要执行以下操作:

a. 将轮式牵引架推到迫击炮后,提前打开瓦盖和夹紧器,将托架半环扣在炮身环槽上;

b. 用套箍夹紧器闭合瓦盖，此时将瓦盖扣在瓦座凸起上；
c. 转动牵引架，稍抬起车轮，使套箍耳进入牵引架的槽中；
d. 将夹紧器向任一方向转动90°拉紧，其端头应进入套箍耳的孔中。
⑩ 连接牵引杆与炮身，需要执行以下操作：
a. 拉紧拉杆，打开套箍夹紧器，提前打开瓦盖，套在炮身上；
b. 闭合瓦盖和套箍夹紧器。
⑪ 将炮架转为行军状态，需要执行以下操作：
a. 将炮身降低到最低位置；
b. 将方向机操作到中间位置；
c. 将水平调整机和高低机分开；
d. 顺时针转动手柄，插入水平调整机的延伸部分；
e. 将水平调整机逆时针转动270°，沿双脚架装在固定器上；
f. 将迫击炮和轮式牵引架向后翻起撑在地上，握住双脚架，并将双脚架放入垫板槽中；
g. 继续翻起炮，借助撬棍从土中抬出座钣；
h. 把迫击炮推到一边；
i. 固定双脚架时，按住并向下转动手柄，解开瓦盖和瓦座的结合，此时不要从垫板凸起部卸下杠杆凸轮，然后扣上瓦盖和瓦座，用夹紧器固定瓦盖。
⑫ 清除座钣和驻锄上所粘的土。
⑬ 用连接器固定座钣时，将座钣上部向后倾斜，使座钣挂钩钩到支架上，用手柄转动连接器套筒，将座钣放入行驶车架管内到端头。
⑭ 套上保险器套，然后盖上全炮衣。
⑮ 在运输车的后栏板处搭装斜面坡道，将迫击炮推入车厢并固定。

3.10 迫击炮可能出现的故障和原因及排除方法

表3.2为迫击炮可能出现的故障和原因及排除方法。

表3.2 迫击炮可能出现的故障和原因及排除方法

可能出现的故障	原因	排除方法
瞎火	底火故障	迫击炮退出弹药
底火上有完整的击针撞痕	击中了击针机盖镜面上装药非可燃的部分	弹丸放置一边，发射间隔期间更换点火药
底火上没有击针撞痕，或轻微撞痕	击针有污渍；击针未完全伸出；击针机盖孔内形成污渍	用擦炮刷清洁炮膛底部和击发机盖

续表

可能出现的故障	原因	排除方法
击针撞痕偏离底火中心超过 0.6 mm	击针固定位置时打击能量不足；由于形成的积炭使弹丸在膛内的阻力原因，炮弹至击发机盖不到位；装药束固定不结实	取出击针机，清理击针和击发机盖孔中积炭，装配击发装置；清洁炮膛；固定附加装药束
发射时拨动装置手柄力大幅减少	底火击痕偏离中心；击针机弹簧损坏或变形	退出弹丸；发射间隔期间，更换点火药；更换击针机
高低机手轮转动卡滞和困难	高低机未调好	拆掉并松开螺栓，从盖子槽中取出驻钣齿；转动盖子，调整螺钉正常螺距；锁定驻钣
方向机和水平调整机手轮转动困难	机体中油脂过量	将装置摇动到极限位置，拧出油杯，清除多余油脂
发射后，拨动装置手柄未回转至初始位置	击针机弹簧损坏或变形	更换击针机
炮身在炮箍内回转	炮箍夹紧器未调好	调节炮箍夹紧器，为此： • 取直并取出开口销； • 夹紧器闭合时，用螺母将碟形弹簧压到底； • 旋转螺母一圈； • 穿上开口销，将端头折弯
发射时，炮尾和身管连接处有火药气体漏出	炮尾在身管上未拧紧	拧紧炮尾，为此： • 分离炮身与座钣； • 使用曲柄销和大锤拧紧炮尾
	闭气环烧坏	更换闭气环，为此： • 从座钣和炮架上分离炮身； • 分离身管和炮尾； • 更换新闭气环（预先冷却）
防重装填保险器本体晃动	拉紧螺母松动	拧紧螺母，为此： • 松开螺钉，从螺母槽中取出驻钣； • 用扳手将螺母拧到头； • 拧紧螺钉

续表

可能出现的故障	原因	排除方法
防重装填保险器的保险装置无法处于闭合状态	零件受污,形成积炭	取下保险装置,清洁,涂油
炮弹放入炮身后,防重装填保险器停在打开状态	可能止动器前翅损坏	更换保险装置
弹药发射后,保险器停在关闭状态	止动器弹簧损坏	更换保险装置
	止动器轴螺钉松动,且轴在挡弹板孔内转动	更换止动垫圈,拧紧螺钉,弯起垫圈舌

习题

1. 简述 2Б12 型迫击炮系统的用途、编配和炮班组成。
2. 简述 2С12 型迫击炮系统的战术技术性能。
3. 简述迫击炮系统的配备弹药。
4. 简述弹药基数及其组成。
5. 简述 120 mm 迫击炮弹的总体结构及 53-ВОФ-843Б 型弹药的组成。
6. 简述 3-З-2 型燃烧弹的用途和结构。
7. 简述迫击炮弹的配套装药。
8. 简述 2С12 型迫击炮系统的组成及主要组件的功能。
9. 简述 2Ф510 型运输车的功能及 УРАЛ-43206-0651 式汽车改装运输车的战术技术性能。
10. 简述 2Б11 型迫击炮主要组件和装置。
11. 简述身管和炮尾的主要组成部分和功能。
12. 简述防重装填保险器功能和结构。
13. 简述瞄准装置的组成和功能。
14. 简述发射时可能出现的故障和原因。
15. 简述使用迫击炮弹药时的安全措施。
16. 简述使用迫击炮时的安全措施。

第 4 章
2K21 型迫击炮系统

4.1 2K21 型迫击炮系统的用途和编配

2K21 型迫击炮系统（图 4.1）由 2Б9 型 82 mm 迫击炮和 2Ф54 型运输车组成。

图 4.1 2K21 型迫击炮系统[①]

2Б9 型迫击炮用于压制位于暴露位置和战壕中的敌方有生力量。迫击炮使用带 4Д2 型附加远程装药的 3ВОI 型杀伤弹进行射击。

运输车通过装厢或牵引的方式运送迫击炮、弹药、单套备附具以及 2K21 型迫击炮系统的战斗班。迫击炮的装卸工作是沿两个坡道手动完成（使用装卸坡和移动滑车）。迫击炮只有在变换发射阵地和其他紧急情况下才由运输车牵引。

2K21 型迫击炮系统的炮班由 4 人组成，即炮长、瞄准手、装填手和弹药手（兼任 2Ф54 型运输车司机）。

---

① 《Василек》（82-мм миномет）характеристики, фото./autogear.ru.

4.2 战术技术性能和使用弹药[1]

4.2.1 战斗性能参数

射程：
  最大 ··· 4 270 m
  最小 ··· 800 m
初速 ··· 272 m/s
实际射速 ··· 100~120 发/min
理论射速 ··· 170 发/min
半小时的射速规定：
  水冷时 ·· 300 发
  非水冷时 ··· 200 发
车载弹药 ··· 226 发
炮班 ··· 4 人

4.2.2 结构性能参数

口径 ··· 82 mm
最大膛压 ··· 450 kgf[2]/cm^2
高低射角：
  最大 ··· 85°
  最小 ··· -1°10′
0°~85°的瞄准线偏差 ······························· 0-06
方位射角 ··· ±30°
瞄准速度，度/手轮转数：
  高低 ··· 1
  方向 ··· 2
火线高：
  最小 ··· 670 mm
  最大 ··· 970 mm
直瞄目镜高度 ······································· 890 mm

---

[1] Система 2К21 82-мм автоматического миномета 2Б9. Техническое описание и инструкция по эксплуатации. М.：Военное издательство，1979. C. 4，7，82.

[2] 1 kgf=9.806 65 N。

离地间隙：
  迫击炮（牵引时） …………………………………… 260 mm
  运输车（承载时） …………………………………… 310 mm
开架角 ……………………………………………………… 60°
迫击炮身管冷却水容积 …………………………………… 5.5 L
车型 ……………………………………………………… ГАЗ-66-05

4.2.3 质量性能参数

系统（含弹药、成套备附具和炮班）质量 ……………… 6 060 kg
运输车质量 ………………………………………………… 3 930 kg
迫击炮行军状态质量 ………………………… 635+12.7/(645+13.5) kg[①]
迫击炮战斗状态全质量 ……………………… 622+12.5/(632+13) kg
迫击炮起落部分（自动机）质量 ……………………… 238（248）kg
上架质量 …………………………………………………… 69 kg
行驶装置质量 ……………………………………………… 791 kg
弹丸质量 …………………………………………………… 3.1 kg
带弹夹质量 ………………………………………………… 16.75 kg
空弹夹质量 ………………………………………………… 4.35 kg

4.2.4 外廓尺寸参数

高度（按运输车） ………………………………………… 2 650 mm
长度（按运输车） ………………………………………… 6 750 mm
宽度（按运输车） ………………………………………… 2 342 mm
牵引时系统长度 …………………………………………… 9 570 mm
迫击炮行军高度 …………………………………………… 1 760 mm
迫击炮行军长度 …………………………………………… 4 170 mm
轮距：
  运输车 ………………………………………………… 1 800 mm
  迫击炮 ………………………………………………… 1 412 mm
迫击炮宽度 ………………………………………………… 1 620 mm
开架宽度 …………………………………………………… 3 270 mm

4.2.5 使用性能参数

迫击炮行战或战行转换时间 ……………………………… 1.5 min
高低机手轮力 ……………………………………………… ≤4 kgf

---

① В скобках указаны весовые данные миномета 2Б9М.

方向机手轮力 …………………………………………………… ≤3 kgf
扳动运动部分时再装填装置的手柄力 ……………………… ≤14 kgf
座盘起炮时的传动手轮力 ……………………………………… ≤8 kgf
击针突出量 …………………………………………………… 2.5~2.8 mm
装（卸）迫击炮时绳索的最大拉力 …………………………… 70 kgf
迫击炮牵引时的运动速度：
  非公路、土路和鹅卵石路 ……………………………… ≤20 km/h
  沥青或混凝土路 ………………………………………… ≤60 km/h
2Ф54 型运输车运输迫击炮的速度应以保证运行安全行进。
使用 3BO1 弹药。

4.2.6 ПАМ-1 瞄准装置性能参数

独立式瞄准镜：放大倍率 ……………………………………… 2.5^x
直瞄镜：放大倍率 ……………………………………………… 3^x
瞄准角机构工作极限 …………………………………………… 35°
侧向水准器工作极限 …………………………………………… =6°
横倾调整器工作极限 …………………………………………… ±20°
水准器气泡分度值 ……………………………………………… 6′
瞄准镜质量 ……………………………………………………… 2 kg
带盒瞄准镜质量 ………………………………………………… 4 kg

4.2.7 3BO1 型杀伤炮弹的炸药说明

炸药（见附录 2）。
AT-90——硝铵三硝基甲苯炸药与 TNT 块（填料）（90%/10%）。
ШТ——矿山炸药与 TNT 块（填料）（88%/12%）。
ТД-42——TNT 与二硝基萘（42%/58%）。

4.2.8 发射规定（射击弹药数）（表 4.1）

表 4.1 发射规定（射击弹药数）

射击持续时间/min	身管无冷却/发	身管有冷却/发	2Б9M 型迫击炮/发
1	40	60	60
3	75	100	100
5	100	150	150
10	130	190	190
15	155	255	255
30	300	300	300

4.3 迫击炮弹药及其射前准备

3BO1 型（图 4.2）和 3BO12 型杀伤弹用于打击和毁灭敌方有生力量和技术兵器，以及在金属障碍中开辟通道、破坏水路渡口和水面目标。2K21 型迫击炮系统的携弹量为 226 发，其中 96 发迫击炮弹以最终装填形式装入 24 个弹夹并放置在箱中，其余迫击炮弹进行工厂装箱（以 10 发成组装在 13 个箱中）。

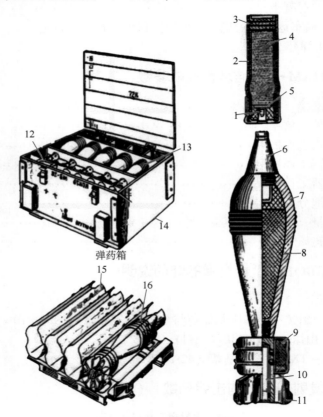

图 4.2 3BO1 型杀伤弹[①]

1—底火；2—纸管；3—封口垫；4—火药；5—附加点火药；6—M-6 型引信；7—53-O-832 ДУ 型弹体；8—炸药；9—4Д2 型附加装药；10—Ж-832 ДУ 型基本装药；11—稳定装置；12—基本装药；13、16—迫击炮弹丸；14—附加装药；15—弹夹

下面对迫击炮弹丸结构特点及其发射前准备进行介绍。

---

① Хандогин В. А., Привалов С. Д., Назарян Г. А. Минометы. Учебное пособие для вузов Ракетных войск и Артиллерии. Коломна, 2004. С. 76.

3ВО1 型杀伤弹由 53-О-832 ДУ 型杀伤迫击炮弹丸、М-6 型引信、发射装药——Ж-832 ДУ 型基本装药和 4Д2 型附加装药组成。

53-О-832 ДУ 型杀伤迫击炮弹丸由带稳定装置的弹体和炸药装药组成。弹体由钢性铸铁制成，М-6 型引信旋入位于其头部的螺纹孔。在弹体前部有一个定心凸起，上刻有沟槽，目的是减少发射时火药气体通过迫击炮弹表面和迫击炮膛之间的间隙泄漏。

稳定装置能够确保迫击炮弹丸飞行稳定性。它旋在弹体上，是一个带有尾翼的管。尾翼上有定心凸缘，同弹体上的定心部一起，确定弹丸在膛内的状态。弹药装配时，基本装药被装入稳定管中。稳定管上有火药燃气通气孔，点燃远程发射药药包。

在弹夹带弹准备时，需要选择同一弹重符号的弹。因为随着弹重的增加，弹丸飞行距离减少；随着弹重的减少，飞行距离增加。使用不同重量符号弹射击，会增加散布范围、试射和破坏目标所需的时间及用弹数量。

在发射前准备时，要清除弹体上的油脂，以避免油脂沾到炮膛内表面而增加生成积炭的情况。此外，稳定管和尾翼上的油脂会粘在稳定管传火孔上，也会使附加装药沾上油污。当火药被点燃时，其颗粒从附加装药外壳和基本装药纸管中抛入身管，此时如果油污药粒点燃不良，将导致燃烧不均匀，从而引起迟发火和近弹情况发生。

发射前，进行弹丸外观检查。稳定翼变形或断裂、稳定管在弹体上未拧到位、基本装药管没有完全插入稳定管中或附加药束在稳定尾翼上无支撑固定，都会引起近弹和射弹大散布。此外，基本装药未装到位可引起瞎火或因管底脱开而导致的迟发火。弹体上不应有裂纹、大凹坑、无关包裹物和其他缺陷，这些缺陷可能会引起弹丸早炸。

Ж-832 ДУ 型基本装药为迫击炮弹赋予初速，以及点燃 4Д2 型附加装药。基本装药由装在纸管中的 НБЛ-11 型火药、附加点火药和硬纸封口垫组成。基本装药的火药由底火火焰点燃，而底火火焰由击针的撞击产生。为了确保基本装药的可靠点火和稳定燃烧，在纸管底部还放置了由黑火药制成的附加点火药。装药的上部用硬纸垫封口。该硬纸垫包含火药牌号和基本装药生产诸元的标牌。纸管被炮弹基本装药的火药燃气压力冲破。从稳定管中喷出的气体，通过孔点燃了迫击炮弹的附加装药。

4Д2 型附加装药用于提高迫击炮弹的初速和射程。它是 ВУ-ФЛ 型火药的定装药，被包装在一个由薄材料制作的药包中。

М-6 型引信是保险型弹头触发瞬时作用引信。其用途、总体结构和发射前准备工作可参见第 2 章第 2.4 节。

4.4　2Б9型迫击炮各组件的用途和总体结构

2Б9型迫击炮可针对群目标和单目标进行自动射击和单发射击。它配备了光学瞄准镜和照明具，可以在黑暗中进行瞄准射击。2Б9型迫击炮采用弹夹装填，每个弹夹中可容纳4发炮弹。

图4.3为处于行军状态的2Б9型迫击炮。

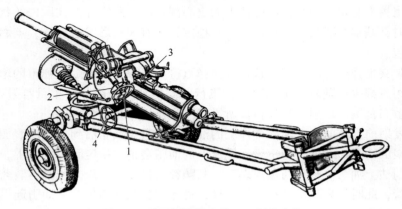

图4.3　处于行军状态的2Б9型迫击炮
1—高低机；2—发射机；3—发射杠杆；4—方向机

2Б9型迫击炮由自动机、带机构的上架和行驶装置组成。

自动机用于迫击炮射击。以耳轴铰接在上架框上的安装设计使自动机可以通过高低机在射面内进行瞄准。

上架安装在行驶装置上，并通过座圈与之连接，保证自动机通过方向机在水平面内瞄准。

行驶装置用于牵引迫击炮，并保证其射击稳定性。在射击状态，迫击炮支撑在座钣和开架驻锄上。

迫击炮在座钣上可处在升高位（970 mm）或降低位（670 mm）。在座钣上迫击炮从升高位射击，身管射角为7°~85°，而座钣上从降低位射击，射角为1°~78°。在后者情况下，在射角大于40°的情况下进行射击时，地面应选择在自动机后箱体以下。

发射时，车轮要升起前翻。

在迫击炮装填前，自动机的运动部分通过再装填装置后拉，直到被自动卡锁挡板限定。单/连发转换机构杠杆置于对应选定的发射方式——自动或单发。然后装填，为此通过右耳轴盖将一弹夹弹插入自动机。迫击炮通过高低机和方向机的手轮在射面和水平面内摇动自动机，使迫击炮瞄准目标。压下发射杠杆后进行发射。

图 4.4 为处于发射状态的 2Б9 型迫击炮。

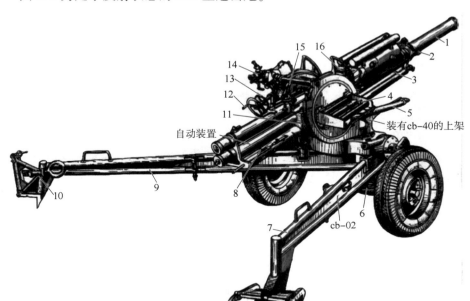

图 4.4　处于发射状态的 2Б9 型迫击炮

1—身管；2—拉紧装置；3—冷却系统；4—弹夹；5—平衡机；6—座钣；7—右大架；
8—带后坐标尺的护罩；9—左大架；10—架尾锁；11—单/连发转换机构罩；12—高低机；
13—发射机；14—ПАМ-1 型光学瞄准镜；15—再装填装置；16—自动机罩

4.5　自动机各组件的用途和总体结构及作用原理

自动机（图 4.5）不仅可以进行单发射击和自动射击，也可将膛内火药气体能量转换为完成下发射击准备的机构动作。

自动机作用原理如下：在复进弹簧作用下，运动部分前冲（向前移动）。在前冲过程中，迫击炮弹发射药被点燃，由此产生的后坐能量抵消运动部分使之制退停止。运动部分后坐能量用于压缩复进弹簧和促使自动机机构动作。剩余后坐能量被杆上环形弹簧吸收。

进行单发射击时，压下发射杠杆后会自动完成以下动作：
① 自动机运动部分前冲；
② 供弹入膛、闩体关闩；
③ 撞击弹丸基本发射药的底火；
④ 闭气；

⑤ 自动机运动部分后坐,打开炮膛;
⑥ 重装填弹并将下发弹供入输弹线。

在自动射击时,重复动作,直到射出弹夹中最后一发炮弹。

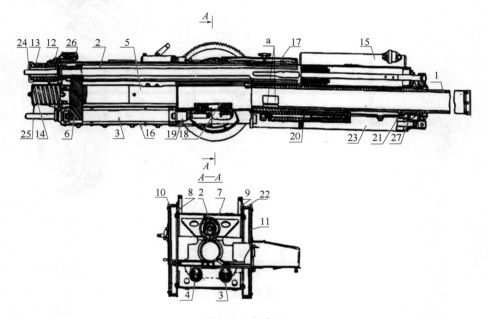

图 4.5　自动机

1—身管;2—上杆;3,4—下杆;5—炮闩;6—锁销;7—炮箱;8,9—耳轴;
10,11—盖;12—后箱体;13,14—复进弹簧;15—冷却系统;16,17,23—防护罩;
18—供弹机;19—液压缓冲器;20,21—轴环;22—起落轴承滚针;
24,25—筒;26—固定器;27—支臂;a—沟槽

自动机由以下部件和机构组成:身管、上杆、右下杆、左下杆、炮闩、锁销、炮箱、耳轴、盖、后箱体、复进弹簧、冷却系统、防护罩、供弹机、带单/连发转换机构的发射机、再装填装置、拉紧机、液压缓冲器等。

4.5.1 身管和炮箱的用途和总体结构

身管是滑膛管,用于赋予弹丸初速和调整飞行方向。

身管内膛炮尾部铣有3条沟槽,是持续射击时的导气部分。

炮箱用于在其上固定自动机的零件和机构。它是由上筒、闩筒、颈筒和两个下筒组成的焊接结构。

上筒用于布置自动机的上杆,焊接后箱体固定器、象限仪放置检查平面、再装填装置的安装支臂、发射箱的固定块、供弹机轮安装支臂、发射机零件固定的自动卡锁体和前挡板。

闩筒上焊接了带单/连发转换机构安装孔的上下板组合体，同时下板固定带后坐标尺的护罩。

颈筒用于连接身管和炮箱。颈筒两侧是拉紧机滑板滑动导轨。

下管通过连接横管以提高刚性，其上焊接有前后导轨固定支臂。

4.5.2　耳轴和盖板的用途和总体结构

左右耳轴用于将自动机铰接在上架上。

两耳轴结构相似。它们为圆盘状，外圈为圆柱带。圆盘上过道为弹夹在射击时穿过自动机的中间部分。耳轴上有与高低机齿轮相啮合的齿弧。

盖板螺纹连接到耳轴两端。盖板上闭锁机构使弹夹无法插入自动机，除非自动机运动部分将其向后带开。

4.5.3　冷却系统的用途和总体结构

1975年以前，自动迫击炮采用水冷方式。冷却系统（图 4.6）持续地冷却身管，以保证迫击炮进行密集发射。

焊接结构的冷却系统包括护套、集气筒以及两个阀（排气阀和控制阀）。

护套是一个两端平底容器。底部有身管过孔。上杆筒焊接在护套上。

冷却系统的左右集气筒之间通过管道连接，并通过4根管道与护套连接。护

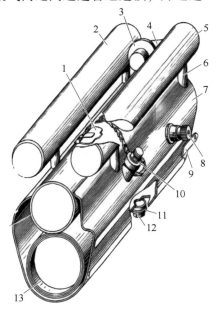

图 4.6　冷却系统

1—盖板；2—左集气筒；3—排气阀；4—管道；5—右集气筒；6—管道；7—护套；
8—控制阀；9—支耳；10—盖；11—垫圈；12—排水塞；13—后衬筒

套内充满水。集气筒可防止蒸汽通过排气阀喷出，还可促进蒸汽冷却，使其中一部分蒸汽冷凝后流回护套。

在护套侧面焊有注水管。

当压力升至 $0.3\ \mathrm{kgf/cm^2}$ 时，排气阀用于排出护套内的部分蒸汽。

快速发射时，护套中的水被加热并蒸发，蒸汽压力升高。当压力超过 $0.3\ \mathrm{kgf/cm^2}$ 时，阀门打开，蒸汽通过本体孔排出进入大气中。当护套中的蒸汽压力降到 $0.2\ \mathrm{kgf/cm^2}$ 时，阀门就会在弹簧的作用下落在阀座上，蒸汽停止排出。

控制阀用于检查冷却系统护套中的水位。

当盖板被按下时，阀门离开阀座，水通过本体径向阀体从冷却系统护套流出。

4.5.4 防护罩和后箱体的用途和总体结构

通过防护罩的遮盖，自动机的运动部分和机构可以免受污染。下杆前部用带窗孔的外罩封闭。窗孔用于自动机分解时下杆组合销的安装。窗孔用盖板遮盖。

自动机罩遮盖供弹机和发射机的零件。

单/连发转换机构罩遮盖单/连发转换机构的零件，且用螺钉固定在炮箱上。单/连发转换机构罩上有"ABTOMAT"和"ОДИНОЧН"标识，其分别对应自动射击和单发射击时单/连发转换机构杆的确定位置。

带后坐标尺的罩遮盖下杆部分和锁销。

在后坐末自动阻铁碰到上杆支座时，后坐标尺开始作用，并指示运动部分向后运动的最大位移。后坐标尺是带指标、拨爪和U形把手的尺子。

尺子上刻有刻线和标识。标记"O"对应运动部分处于自动阻铁位置；标记"СТОП"对应杆体与后箱体接触（撞击）的时刻，两个标记中间为标记"HOPMA"，确定了射击时正常后坐的对应间距。

按指标（销）相对于刻线的位置确定后坐长。尺子（杆）用U形把手送回前位。

后箱体支撑复进弹簧，同时也承受后坐结束时后杆筒冲击。

后箱体由后箱体本身和两个筒（上筒和下筒）组成。

后箱体固定在炮箱后凸缘上，并用固定器驻钣锁定。

4.5.5 炮闩的用途和总体结构

炮闩（图4.7）用于将迫击炮弹输入身管和撞击基本装药的底火，并密闭火药气体，在火药气体压力的作用下将自动机运动部分复位。

炮闩由闩杆、闩头、闭气环和安装在闩头上的发射机组成。

闩杆是一个实心圆柱体，前端为圆柱形凸起。凸起处有两列径向排列于闩头的啮合齿，并钻有放置驻栓器的通孔。驻栓器由驻栓、弹簧、螺塞组成。

驻栓器防止闩头相对于闩杆转动。

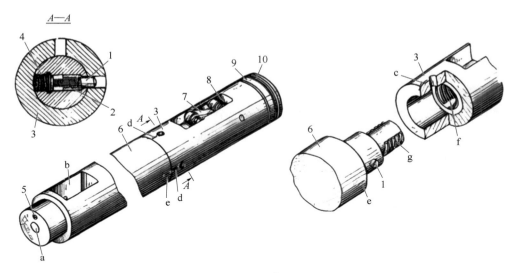

图 4.7 炮闩

1—驻栓杆；2—驻栓弹簧；3—闩头；4—螺塞；5—螺钉；6—闩杆；7—后杠杆；
8—击锤；9—闭气环；10—闩体镜面；a，b—孔；c，d，e—刻线；f，g—螺纹齿

闩头是一个圆柱形零件，下部有一个 T 形凹槽。

闩头后部孔中有两列径向排列于闩杆的啮合齿。在闩头圆柱表面刻有两个刻线。其中，一个刻线在闩体组装时与闩杆上的刻线对准，另一个刻线在闩体分解时闩头旋转 90°后与闩杆上的刻线对准。闩头圆柱部分的槽内和其前端的孔内布置发射机。

发射机用于撞击迫击炮基本发射药的底火。

发射机的主要组成部分为击针机、击锤机和保险机。

击针机由击针、弹簧、底座、镜面、击针机盖、弹簧和驻栓组成。

击针被制作成金属杆状，其前端是个尖头和带锥形表面的蘑菇状凸起，而后端是装完弹簧后与底座的连接螺纹。

射击时，击针在火药气体压力作用下，坐在镜面的锥形窝中，如此可以防止气体从击针的圆柱形表面和闩体镜面间的间隙中泄漏。

闩体镜面呈蘑菇状。它的端部有一个通孔和凹槽，用来放置击针和弹簧、旋入击针机盖。

击针机盖是一个垫圈，上有撞击底火时击针尖的中心过孔，及两个火药气体流向击针的孔。

弹簧或驻栓允许拧入镜面，但不允许自动拧出。

镜面驻栓由本体、弹簧、带与镜面啮合齿的压杆、推杆和防止推杆从压杆脱出的销组成。

击锤机用于将击针移到前方位置，在该位置上撞击基本发射药的底火。该机构安装在闩头槽中，并由轴铰接。

击锤机由本体、带轴的滚轮、一组碟形弹簧、导杆、螺母、调整垫圈组成。击锤机所有部件都固定在本体上。

碟形弹簧允许击针在火药气体的作用下向后移动，直到击针的锥面和闩体镜面接触为止。此时，击锤机滚轮位于炮箱的前碰块处。

调整垫圈调节击针相对于击针机盖外平面的凸出量。

击锤机轴由固定器固定在闩头中。槽用于防止装配和拆卸出错，即轴只能从闩头上的固定器反向取出。

保险机由本体、碰块、后杠杆组成。它用于运动部分后坐时将击针和击锤机恢复到后位。

发射机的作用如下：发射前运动部分和炮闩一起被自动阻铁扣在炮箱的后部。此时弹簧作用的击针尖收回齐平于击针机盖。按下发射杠杆后，炮闩同运动部分一起快速向前，从弹夹环中顶出迫击炮弹并输入身管。炮闩继续运动时，滚轮冲到炮箱的前碰块，由此击锤机绕轴回转并撞击击针底座。击针尖头从击针机盖中心孔凸出并撞击迫击炮弹基本装药的底火。

图 4.8 为迫击炮发射时击发状态的炮闩。

当迫击炮弹发射装药被点燃时，身管内压力快速升高，促使炮闩停止向前运动，转而开始向后移动。在膛内火药气体压力的作用下，击针压缩击锤机碟形弹簧，以蘑菇凸起紧贴在闩体镜面的锥面上，以此来防止火药气体从击针和闩体镜面之间的间隙泄漏。

当炮闩向后移动时，滚轮脱离炮箱前碰块，弹簧作用下的击针使击锤机恢复初位。

如果弹簧不能使击针回到初位，则它就会在后杆滚轮撞上炮箱后碰块并绕轴回转后回位。杠杆使击锤机回转，挡杆也随之转动。挡杆的下臂使击针移回到初位。在击锤机滚轮碰上前碰块前，杠杆后滚轮脱离后碰块。如此布置炮箱碰块是为了不影响击锤机的作用。

闭气环用于发射时在炮闩和身管内表面之间形成密闭空间。闭气环的锥形表面与闩头及闩体镜面的相邻锥形表面紧密贴合。

发射时，在气体作用下的闩体镜面端面所产生的弹性变形会压在闭气环的锥面上，使其胀开。胀开时闭气环就紧贴在身管表面，防止气体泄漏到自动机中央。

与炮闩锁销相连的上杆和下杆，用于保证运动部分规定的前冲速度，并吸收发射时的后坐能量。下杆吸收在瞎火或迟发火时运动部分的部分撞击能量。

此外，当运动部分置于自动阻铁上时，上杆也吸收撞击能量，并使供弹机和发射机弹簧处于待发状态。

上杆由筒体、芯杆、复进弹簧、环形缓冲簧、挡块、自动阻铁、前缓冲器（其中包括套筒、螺母、碟形弹簧组和螺母）组成。

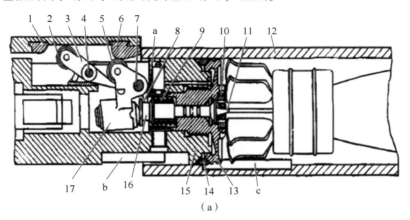

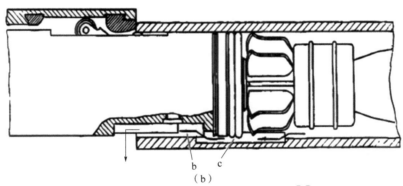

图 4.8　迫击炮发射时击发状态的炮闩[1][2]
(a) 正常发射；(b) 延迟发射

1—后碰块；2, 5—滚轮；3—后杠杆；4—轴；6—碰块；7—轴；8—挡杆；9—弹簧；
10—击针机盖；11—击针；12—身管；13—闩体镜面；14—闭气环；15—闩头；
16—击针底座；17—击锤；a—孔；b—凹形槽；c—沟槽

下杆（右侧和左侧）结构相同。每杆由筒体、芯杆、复进弹簧、护罩、后套、内环和外环组成。

后坐时，上杆和下杆的作用相似。后坐过程中（发射后），与炮闩挂锁相嗤合的上杆筒和下杆筒向后移动。此时，自动机的所有复进弹簧（包括杆、弹簧）受压缩，储存能量用于运动部分下次前冲。

---

[1] Хандогин В. А., Привалов С. Д., Назарян Г. А. Минометы：Учебное пособие для вузов Ракетных войск и Артиллерии. Коломна, 2004. C. 91.
[2] 原著图 4.8 中零、部件序号及图注不连续，重新进行了排序。——译者

在后坐结束时，杆后套撞到后箱体；运动部分继续向后移动，压缩环形缓冲簧；内环进入外环，通过相互变形吸收后坐能量，降低运动部分的冲击。停在后极限位置后，运动部分在复进弹簧作用下向前推进，直到碰到自动阻铁碰块为止。上杆的环形缓冲簧和碟形弹簧缓冲了自动阻铁碰块的撞击。

在正常发射过程中，火药气体会使运动部分停到与前支臂相接触，然后再向后推；瞎火时，运动部分继续向前移动，用锁销撞到液压缓冲器上，而下杆螺母撞到前支臂上。

下杆筒体压缩环形缓冲簧，缓冲运动部分对前支臂的冲击。

4.5.6 供弹机的用途和总体结构

供弹机用于将下发迫击炮弹送入输弹线。供弹机由带导轨的滑板、供弹轴、供弹杠杆、拉杆和弹簧组成。弹夹也是供弹机所属组件。

滑板安装在两根导轨中，导轨用螺钉和销子固连在炮箱的支臂上。

导轨上安装有弹夹滑槽、装入滑板体上槽孔中的凸起、沿导轨移动的弹夹滚轮、用轴安装在支臂上的5个滚轮和2个滚轮（该2个滚轮位于导轨上）、使弹夹停止在输弹线上的用圆锥销固定在轴上的拨爪。

弹夹用于迫击炮的弹药装填，是由冲压件组成的铆接非拆装结构。

弹夹由前滑轨、后滑轨、4个弹筒、横杆和把手组成。弹夹滑轨卡入供弹机导槽，并沿导槽在滚轮上移动。在后滑轨的外侧面有3个窗孔，其边缘与横杆的斜面对齐。单发射击时，单/连发转换机构杠杆会落入这些窗孔。弹夹移动时，通过后滑轨横杆从每个窗孔中压出杠杆。在自动射击时，单/连发转换机构杠杆沿滑轨底部滑动，不落入窗孔。

为了防止迫击炮弹在弹夹搬运、装填和射击时在弹夹中发生移位，弹筒中装有限制器。弹筒上的缺口与右耳轴盖上的挡块共同作用，可防止将尾翼向前插入弹夹的弹供到输弹线上。把手不仅可用于搬运弹夹，也可在末发弹筒发射迫击炮弹后，自动机中央推出弹夹时作为供弹爪的支承面。

向弹夹中装弹时，将迫击炮弹从后滑轨方向插入弹筒，然后向前推至迫击炮弹尾翼与弹筒后端面平齐。

供弹轴由轴、上下供弹凸轮、弹簧、锁钩组成。

供弹机的工作原理如下：当运动部分在发射后后坐时，上杆用成型槽的斜面压住供弹凸轮，迫使供弹轴逆时针旋转。杠杆随供弹轴一起转动，将滑板向右推到弹夹的下发弹筒；此时压缩弹簧。当滑板向右移动时，其斜面从供弹凸轮下脱离；供弹凸轮在弹簧作用下靠向推杆运动，并进入滑板导轨的凹槽中，使滑板在反向移动时弹夹进位。当滑板移动到弹夹下发弹筒后时，供弹爪落入滑板窗孔中，下推弹筒；此时弹夹被射弹后弹筒中所处的闩体挡住，避免向右移动。

4.5.7 发射机的用途和总体结构

发射机用于从上杆挡板下解脱自动阻铁,并在弹夹次发弹筒向输弹线上供弹期间和末发弹筒射弹后,用于将运动部分保持在待发状态。它由发射杠杆、发射箱、拉杆、手动阻铁、自动阻铁、增力机构、单/连发转换机构组成。

发射杠杆被滑动到接收器的螺柱上,并用销钉锁住的螺母固定。

发射箱(图4.9)用螺栓固定在支架上和炮箱板的槽中。在箱体内部布置有带拉杆的接头、带卡铁的滑块、带滚轮的弹簧套、弹簧和卡铁。

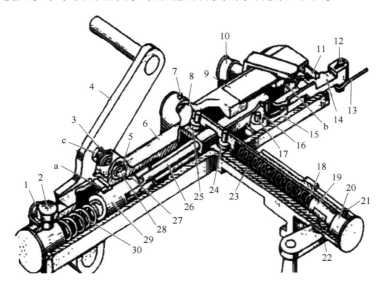

图4.9 发射箱[①]

1—止动垫圈;3—螺母;4—发射杠杆;5,15,18,30—弹簧;6—本体;7—圆锥销;8,20—堵头;
9,11—盖;10—保险器;12,27—轴;13,26—拉杆;14—滑块;16—卡铁;19,29—接头;
23—弹簧套;24,25—滚轮;28—固定器;a—轴;b—曲轴销;c—孔

发射保险器安装在发射箱体上,它由带轴的一体式本体、固定销、旋在固定销上的帽盖、压入本体的垫圈以及一端顶在垫圈上而另一端顶在固定销上的弹簧组成。

发射箱盖上有两个固定销头入孔以及保险器回转限制器。

发射保险器在帽盖回拉的情况下,通过转动杠杆(带帽盖的本体)来开闭。

---

① 原著图4.9中零、部件序号及图注不连续,重新进行了排序;图中存在零、部件序号2、17、21、22,但图注中未列出,其名称不详。——译者

增力机构用于将自动阻铁从上杆挡块下方拉出来。它由滑块和自动阻铁凸轮组成。

自动阻铁安装在炮箱体的固定轴上，弹簧压力将其推向上杆方向的曲轴销端头。

在自动射击时，由于手动阻铁被发射杠杆始终拉开，所以它不进入滑块槽。弹被供到输弹线后，滑板会立即撞击滚轮，并旋转凸轮，使自动阻铁从上杆挡块下方拉出。

单/连发转换机构（图4.10）设定射击类型，即自动射击或单发射击。该机构能够保证从弹夹末发弹筒发射迫击炮弹后，运动部分保持在待发状态，并防止自动机中没有弹夹时发射。

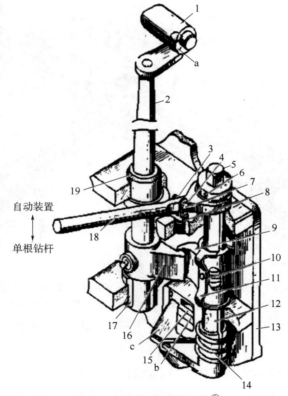

图4.10 单/连发转换机构①

1—弹簧套；2—发射轴；3—支耳；4—开口销；5—头；7—轴；9—舌；10—紧定器；11、14—弹簧；12—离合；13—炮箱后销；15—弹夹；16—卡铁；17、19—衬套；18—杠杆；
a—销钉；b—孔；c—杠杆

---

① 原著图4.10中零、部件序号及图注不连续，重新进行了排序；图中存在零、部件序号6、8，但图注中未列出，其名称不详。——译者

4.5.8 再装填装置的用途和总体结构

再装填装置（图 4.11）用于首发射击前手动将运动部分置于待发状态。在该机构本体上有一偏心孔来安装行星架，其轴下端是齿轮。行星架上端轴上安装两个行星齿轮，且大行星齿轮与中心齿轮啮合，小行星齿轮沿固定齿圈运行。

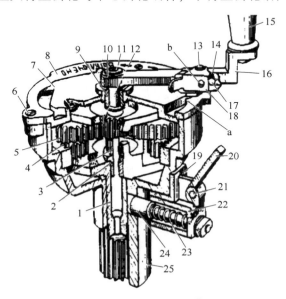

图 4.11 再装填装置[①]

1—行星架；2，3，9—衬套；4—齿圈；5—行星齿轮；7，13，21—轴；8—盖；12—中心齿轮；14—弹簧；15—手把；16—手柄；17—球；18—卡铁；19—螺柱铆钉；20—驻栓手柄；22—驻栓本体；24—驻栓；25—再装填装置本体；a—齿；b—孔

中心齿轮与套入盖内的手柄刚性连接。盖板上有"开""关"标志，两者之间有箭头，表示再装填装置开启或关闭时手柄的旋转方向。驻栓机构用 4 个螺柱铆钉连接在再装填装置的本体上，由带弹簧和螺母的驻栓、带轴的手柄和布置固定该机构各零件的本体组成。驻栓机构通过驻栓将再装填装置固定在炮箱支臂上。插入支臂上的驻栓对应再装填装置开或关状态的任一孔中。

4.5.9 拉紧装置的用途和总体结构

拉紧装置用于保证运动部分在所有迫击炮身管高低射角下保持相同前冲速度。为保证运动部分在所有高低射角下相同的前冲速度，当身管高低射角增加

[①] 原著图 4.11 中零、部件序号及图注不连续，重新进行了排序；图中存在零、部件序号 6、10、11、23，但图注中未列出，其名称不详。——译者

时，拉紧装置压缩杆上的复进弹簧；当身管高低射角减少时，释放杆上的复进弹簧。拉紧装置由带横杆的支臂、端头带滚轮的2个拉杆和2个滑架组成。

滑架是由本体和球轴承组成的支承体。

带滚轮的拉杆前端固定在支臂上，后端固定在滑架体上。

支臂直接通过销轴与上杆连接，而通过横杆与自动机下杆的拉杆连接。滑架通过本体安装在炮箱导轨上，而本体在杆上弹簧的作用下始终支撑在上架卡箍的凸缘上。

4.5.10 平衡机的用途和总体结构

平衡机用于平衡高低机手轮上的附加转矩，该转矩在打高身管射角时由拉紧装置产生。

在迫击炮上安装了2个相同的平衡机。每个平衡机的一端固定在上架框架的凸出管上，另一端固定在自动机相应的耳轴盖上。

平衡机是一个带盖的筒。筒内套有带弹簧的拉杆。

弹簧套在拉杆上，可以沿着拉杆自由移动。

随着身管打高，自动机的耳轴转动，拉杆向前移动，弹簧释放伸张，转矩减小。当身管在最大射角时，转矩变为最小。因此，由拉紧装置在身管所有高低射角下产生的附加转矩被平衡机产生的相等转矩抵消（因此高低机手轮力保持恒定）。

4.5.11 液压缓冲器的用途和总体结构

液压缓冲器用于在瞎火或迟发火情况下吸收运动部分的前冲能量。

液压缓冲器安装在炮箱凹槽中，并通过螺栓和连接板固定在上面。它由本体、带碰撞头和螺塞的活塞杆、带活塞和弹簧的杆、套筒和螺母组成。

液压缓冲器本体内有3个腔室，且3个腔室内都充满了斯切尔-M工作液。

液体处于弹簧产生的压力下，其通过活塞作用于液体。液压缓冲器的密封性通过密封圈来确保。

4.5.12 自动机各机构的相互作用

图4.12为供弹机和发射机的相互作用图示（未显示弹夹）。

1. 行军状态的自动机

下面为行军状态时自动机各部件的位置：

① 运动部分在复进弹簧的作用下处于最前端位置。

② 下杆顶在前支臂上，双销座靠在液压缓冲器上，闩头前部伸入身管中。

③ 供弹凸轮顶在炮箱颊板圆柱部上。

④ 供弹滑板紧靠在支座上；供弹凸轮处于成型槽后部对面，但不与其接触。

⑤ 拉杆通过单/连发转换机构与滑板脱开。

第 4 章 2K21 型迫击炮系统

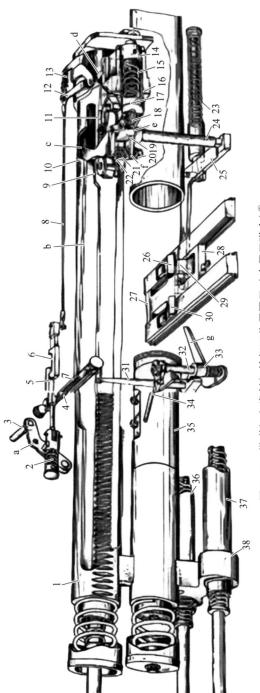

图 4.12 供弹机和发射机的相互作用图示（未显示弹夹）①

1—上杆；2、7、13、15、16、23—弹簧；3—发射杠杆；4—弹簧套；5、8—拉杆；6、14—滑块；9、18—滚轮；10—上供弹凸轮；11—自动阻铁挡块；12—手动阻铁；17—供弹卡铁；19—自动阻铁；20—下供弹凸轮；22—曲轴颈；24—供弹轴；25—供弹杠杆；26—前凸轮；27—支座；28—滑板；29—供弹卡铁；30—后凸轮；31—发射轮；32—转换轴；33—拨爪；34—炮闩；35—炮爪；36—左下杆；37—右下杆；38—双销座；
a—孔；b—成型槽；c—凹槽；d—槽；e—凸起；f—座；g—杠杆

① 原著图 4.12 中零、部件序号及图注不连续，重新进行了排序；图中存在零、部件序号 21，但图注中未列出，其名称不详。——译者

⑥ 发射杠杆在弹簧作用下处于前位。
⑦ 发射箱保险器处于"O"（射击）位置。
⑧ 发射机手动阻铁从滑板槽中抽出并压在滑板架上。
⑨ 再装填装置处于"开启"位，其驻栓机构关闭。

2. 待发状态的自动机

为了使自动机的运动部分处于待发状态，需要启动再装填装置。这时装填装置的行星架与上杆体上的齿条啮合。转动再装填装置本体，压在发射箱固定器上，固定销插入发射杠杆孔中，防止自动机运动部分被意外解脱。

通过逆时针转动再装填装置手柄，使运动部分进入待发状态，此时：
① 运动部分向后移动，压缩复进弹簧。
② 增力机构被拨回（解除保险），弹簧被压缩。
③ 供弹机滑板移动到最右侧位置，供弹弹簧被压缩。

在运动部分退到末端，此后炮闩退回到炮箱的后颊板之后，此时：
① 手动阻铁落入增力机构的滑块槽中。
② 自动阻铁落入上杆碰块之下。
③ 供弹凸轮沉入成型槽的凹槽中。
④ 供弹弹簧将向左移动滑板到碰块处。
⑤ 如果后坐标尺不在后方位置，那么双销座将其向后推动。

由于杆中环形缓冲簧开始受压，所以当再装填装置手柄上的力陡增时，运动部分完成待发动作。

3. 自动机运动部分处于待发状态

① 再装填装置手柄力减弱；此时运动部分向前运动到自动阻铁碰块为止。
② 再装填装置关闭；此时行星架与上杆齿条脱离啮合，发射箱固定器脱离发射杠杆孔，解脱以便发射。
③ 发射箱保险器置于"ПР"（保险打开）位置。
④ 后坐标尺移动至前位。

4. 装填状态时的自动机

装填前需要设定射击方式。在单发射击时，单/连发转换手柄必须置为"单发"位置；在自动射击时，单/连发转换手柄必须置为"自动"位置。

为便于迫击炮装填，打开左右耳轴盖并锁定在打开位置。将带弹弹夹放在右耳轴盖的托盘上并推入自动机，此时：
① 首发弹筒压下供弹爪；当弹筒置于输弹线上时，供弹爪被抬起，因此弹夹就被供弹爪和挡弹凸轮固定保持在自动机中。
② 转换杠杆被弹夹后滑道推开。
③ 单/连发转换机构将拉杆与滑块结合，发射机做好射击前准备。

5. 自动发射状态时的自动机

射击前，将发射保险置于"0"（射击）位置。为了发射，按下发射杠杆，并在单发射击期间保持按压状态。压下发射机发射杠杆时，自动阻铁从上杆碰块下方拉出。自动机运动部分在复进弹簧的作用下快速前冲。

1）前冲时

① 炮闩将迫击炮弹从弹夹中推出并输入身管内。

② 运动部分解脱后，上杆成型槽根面首先向前作用于供弹凸轮；凸轮按顺时针方向回转，而供弹轴保持不动；随着前冲，供弹凸轮被弹簧压在上杆上逆时针回转，前冲结束时转到曲轴颊圆柱部的凸轮限位座。

③ 炮闩后杠杆滚轮从炮箱后碰块上脱开，在撞击击针前解脱击锤机。

④ 炮闩击锤机滚轮与炮箱前碰块相撞。

⑤ 击针撞击迫击炮弹基本装药的底火。

2）射击时

① 由于撞击底火，迫击炮弹的基本装药和辅助装药被点燃；身管内产生的火药压力作用于闩体镜面和弹体上。

② 闭气环防止气体从炮闩和炮膛的间隙漏出。

③ 迫击炮弹被赋予飞行初速。

④ 运动部分首先通过吸收发射时的部分后坐能量来快速降低前冲速度并停止，然后开始加速后坐；在迫击炮弹飞离身管的时刻，后坐速度达到最大。

⑤ 炮闩击针在火药气体的压力作用下压缩击锤机的碟形弹簧，后移到击针和炮体镜面的锥面贴合，如此可防止气体从击针和炮体镜面间的间隙泄漏。

3）后坐时

① 击锤机碟形弹簧松开击针，回到撞击底火时的前方位置。

② 运动部分在后坐力的作用下继续向后移动。

③ 击锤机滚轮脱开炮箱的前碰块。

④ 在弹簧的作用下，带击针的击锤机回到最后端位置。

⑤ 炮闩后杠杆与炮箱的后碰块相抵，如果在弹簧的作用下没有返回，则转动带击针的击锤机回到最后端位置。

⑥ 火药气体闭气结束，炮闩从身管中移出来（弹丸飞出后）。

⑦ 复进弹簧被压缩（在整个后坐期间）。

⑧ 增力机构和供弹机回待发位；当上杆的成型槽开始挤压凸轮时，这些机构开始回待发位；当凸轮被上杆的成型槽挤压到最右边位置时，回位结束。此时，滑板被自动阻铁凸轮挤压，帮助手动阻铁落入滑板槽中；凸轮应在滑板爪掉到弹夹下发弹筒后，在弹簧作用下沉入导轨的上平面。

⑨ 自动机的炮闩从弹夹筒中移出。

⑩ 自动阻铁进入上杆本体槽中，并靠在挡块上。
⑪ 后坐标尺用锁销移动。
⑫ 上、下杆环形缓冲簧受压，吸收运动部分的剩余后坐能量。
⑬ 前冲末期，凸轮沉入上杆成型槽的凹槽中。
⑭ 供弹机在弹簧的作用将下一发迫击炮弹筒移到输弹线上；在此期间，增力机构的滑块靠供弹爪限位块保持在供弹轴侧板凸起上；在供弹结束时，凸轮用滑板斜面抬起，将迫击炮弹筒停在输弹线上。
⑮ 运动部分停止运动；此时，后坐标尺位于与运动部分后坐相对应的位置。
⑯ 运动部分在复进弹簧的作用下向前移动，直到上杆碰块顶在自动阻铁上，即对应运动部分的待发位置。
⑰ 供弹爪从侧板突起上滑下，滑板在弹簧作用下，撞到自动阻铁的凸轮滑轮上，导致自动阻铁从碰块下脱开，运动部分前冲。

当自动发射前三发弹夹的迫击炮弹时（发射杠杆被压下），各机构重复动作。如果在射击过程中松开发射杠杆，那么运动部分就会停在自动阻铁碰块上，停止射击。

从最后弹筒发射迫击炮弹后，滑轨通过供弹爪顶在弹夹手柄上，将其推出自动机；此时，运动部分应处于待发位置，各机构的动作方式应与单发射击时相同。

6. 单发射击状态时的自动机

单发射击时，这些机构的作用方式与自动射击时相同。当单发射击时，在弹夹向输弹线供入下一发带弹弹筒的运动过程中，单/连发转换杠杆落入弹夹后滑窗孔中，使拉杆与滑板脱开，手动阻铁与滑板槽啮合，并阻止增力机构。自动阻铁不会从挡块下面脱离，运动部分被保持在待发状态。

要发射下一发炮弹时，必须将发射杠杆松开，使拉杆与滑板接合，然后再压下。

7. 持续射击状态时的自动机

持续射击时（与正常射击不同），运动部分通过附加途径向前移动（从击针撞击迫击炮弹的基本装药底火时刻开始到完全停止）；此时，炮膛与炮闩头部的成型槽对齐，在炮闩和内膛之间形成一个间隙（气体通道）。前冲能量主要由液压缓冲器吸收，部分由下杆的环形缓冲簧吸收。

附加装药产生的火药气体作用于弹体和炮闩上；部分气体通过炮膛与闩头成型槽形成的间隙流入炮箱。火药气体对炮闩的作用仅使运动部分产生后坐。由于持续射击时运动部分的后坐速度远高于正常射击时的后坐速度，所以会导致上下杆本体撞击后箱体，此时后坐标尺指向"停止"标记。火药气体从炮膛导入炮箱，减少了杆对后箱体的撞击力。

8. 瞎火状态时的自动机

瞎火时（由于身管中没有火药气体压力），运动部分用锁销撞到液压缓冲杆上，而下杆撞在前支臂上，然后停止。撞击时，运动部分的前冲能量被液压缓冲器吸收，部分能量被下杆的环形缓冲簧吸收。撞击后环形缓冲簧使运动部分返回到确保上杆与再装填装置接合的位置。为了恢复射击，再装填装置使运动部分处于待发状态，并退出弹药。

4.6 上架各机构的用途和总体结构及作用原理

带机构的上架（图 4.13）是自动机的基座，用于布置方向机、高低机、发射传动机构和瞄准镜平行四连杆机构。两个平衡机连接在上架上。

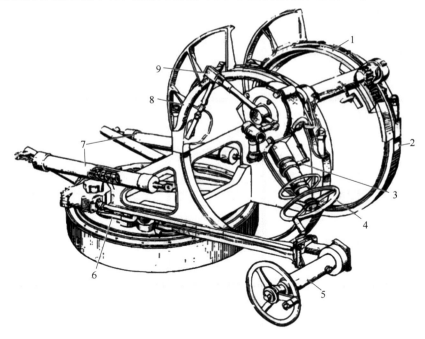

图 4.13 带机构的上架
1—右卡箍；2—框架；3—发射传动机构；4—高低机；5—方向机；
6—底座；7—平衡机；8—左卡箍；9—平行四连杆机构

上架由滚珠座圈、框架、左右两个卡箍组成。

滚珠座圈用于连接上架的所有组件，也用于连接上架与下架。滚珠座圈是一个铸造的空心圆环。支承环从外面压入座圈环面，并用螺钉固定。

框架是连接自动机和上架的承载件。框架是不可拆卸的焊接结构，由左右颊板、管、箱体和支杆组成。

左右卡箍和半环一起作为自动机耳轴滚针轴承的运行轨道。卡箍有高低机固定孔和成型凸缘（作为拉紧装置组件）。左卡箍有发射传动机构的杠杆固定座。

卡箍用锁栓固定在上架的框架上。

4.6.1 方向机的用途和总体结构

方向机用于迫击炮在水平面内瞄准。

该机构由带手轮的锥齿轮箱、传动轴、蜗轮减速器和齿弧组成。

锥齿轮箱用于将扭矩从手轮传递到传动轴上，它由一个箱体和安置在其中的两个锥齿轮组成。每个齿轮与轴是一体的。

方向机手轮连接在齿轮轴的螺纹端。手轮与齿轮轴摩擦连接。

方向机蜗轮减速器用来将扭矩从轴传递到齿轮轴。减速器由箱体、蜗杆、蜗轮、齿轮轴、4个轴承和4个盖子组成。

减速器箱体是一个空心的铝合金铸件。减速器的所有零件都安装在箱体内。

方向机作用原理如下：转动手轮时，扭矩通过锥齿轮、轴、蜗杆和蜗轮传递给齿轮轴。齿轮沿固定在下架上静止的方向机齿弧滚动，带动自动机的上架相对于下架转动。

4.6.2 高低机的用途和总体结构

高低机用于迫击炮在垂直面内瞄准。该机构由减速器、两个齿弧、自动机左右耳轴组成。高低机通过压板和螺栓固定在上架衬套里。

当从手轮向自动机传递扭矩时，减速器用于改变转速。减速器由箱体、两个箱盖、蜗杆、蜗轮、齿轮轴和手轮组成。

减速器上装有发射手轮，它是发射传动组成部分。

减速器箱体是铸造的、中空的且用箱盖封闭的。箱盖上有圆柱形凸起。凸起上安装由法兰固定的平行四连杆机构的零件。

蜗轮和蜗杆构成齿轮传动。齿轮轴穿在管内。齿轮轴上的两个圆柱齿轮穿过管上的槽与自动机耳轴的齿弧啮合。

高低机的作用原理如下：转动手轮时，蜗轮减速器将运动传递给高低机的蜗轮和齿轮轴；此时自动机耳轴齿弧在齿轮轴上啮合转动，使自动机在垂直面内回转。自动机最大和最小高低射角由固定在高低机左齿弧上的挡块限制。

4.6.3 发射传动机构的用途和总体结构

发射传动机构用于自动和单发方式的直瞄射击。它无需从高低机手轮上移开手,就可以进行运动部分的发射。

该机构由手轮、弹簧、拨杆、调节杆、拉杆、曲轴杠杆、发射杠杆组成。

拨杆和带弹簧的手轮安装在悬臂轴上。拨杆在悬臂轴通过键止转。曲轴杠杆铰接在悬臂轴上,可以相对轴线转动。发射杠杆通过轴铰接在支座上。

发射传动机构被顶在手轮环形凸起的弹簧保持在初始状态。此时,曲轴杠杆的自由端接触发射杠杆的短臂。

当拉手轮时,弹簧被压缩,曲轴杠杆带动发射杠杆转动,以其凸缘压自动机的发射杠杆。在高低射角大于10°时,自动机发射杠杆从凸缘上脱开,发射传动机构不会作用到发射杠杆上。

4.6.4 瞄准镜平行四连杆机构的用途和总体结构

平行四连杆机构用来在垂直平面上转动ΠAM-1型瞄准镜。

该机构确保在整个高低射界内身管和瞄准镜的角位移相等。瞄准镜平行四连杆机构由双臂杠杆和拉杆组成,拉杆由左、右套筒和拧在其上的系杆构成。拉杆的一端铰接在左耳轴盖上,另一端铰接在双臂杠杆上。

双臂杠杆是一个钢杆。杠杆中间加粗部分通过孔套在支座上,并由两个销定位。

在调整平行四连杆机构时,通过系杆改变拉杆整体长度。

平行四连杆机构的作用原理如下:当自动机在垂直面上回转时,左耳轴盖也随之回转。此时由套筒和系杆形成的拉杆移动,迫使杠杆绕高低机减速器轴线回转。固定在支承筒上的瞄准镜随着杠杆一起回转。

当通过改变由套筒和系杆形成的拉杆长度以及改变杠杆上的支臂位置来调整机构时,在迫击炮整个高低射界内,身管和瞄准镜的角位移须相等。

4.7 行驶装置各机构的用途和总体结构及作用原理

行驶装置(图4.14)用于转移迫击炮和保证射击稳定性。

行驶装置由下架、两个大架、一个行军状态连接大架的架尾锁、座盘和两个带曲轴的车轮组成。

行驶装置结构还包括车轮锁定机构和开架固定机构。

下架是连接行驶装置所有组成部分使其成为一个整体的组件。左右大架和下架体通过架头铰接。铰接保证了开并架,以及在行军战斗或战斗行军转换时绕纵轴的回转。

车轮锁定机构保证车轮处于两种状态:在行军状态时,车轮支撑迫击炮;在战斗状态时,车轮抬起,不接触地面。

座盘铰接在下架的前部，保证其处于两种状态：抬起时为行军状态；放下时为战斗状态。在战斗状态，座盘是迫击炮的支撑之一。

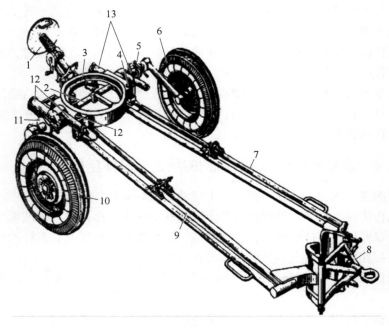

图 4.14　行驶装置

1—座盘；2—车轴；3—下架；4，12—环销；5，11—车轮锁定机构；6—右轮；
7—右大架；8—架尾锁；9—左大架；10—左轮；12，13—锁环装置

4.7.1　下架的用途和总体结构

下架连接上架与行驶装置，是迫击炮回转部分的基础。它由本体、轴和两个车轮缓冲装置组成。

下架本体是由圆柱形基座和箱体组成的铸造结构。

轴插入下架本体的孔中，并且用两个螺栓连接到本体卡箍，防止轴发生转动和纵向移动。

车轮缓冲装置用于缓冲迫击炮在牵引时受到的冲击和振动。缓冲由每个车轮的弹簧减振器分别实现。

缓冲装置以减振器自身本体被焊接在箱体上。每个缓冲装置由两个弹簧减振器组成，彼此用轴颈臂连接。弹簧减振器布置在上下架上，轴颈臂置于减振器本体腔内。

缓冲装置的作用原理如下：当车轮受到剧烈冲击时，曲轴和轴颈臂一起转动，拉杆压缩弹簧缓冲。在强冲击时，轴颈臂移动受到支座限制。

4.7.2 大架的用途和总体结构

大架是为了保证迫击炮射击稳定性，并且两个大架通过环销铰接在下架上。

大架是焊接结构，由立板和衬板加强的两个长管组成。

并架时，销轴颈部进入支臂槽，键进入焊接在缓冲装置下套筒上的支座槽。为了方便开并架，在长管上焊接了把手。

驻锄由支柱、驻锄板、两个凸轮和加强箱组成。它们彼此焊接在一起，并用筋和板加强。没有凸轮的左大架驻锄和架尾锁铰接。驻锄用支柱和加强箱焊接在大架管上。驻锄板在战斗状态时插入土中，以保证迫击炮射击固定性。

4.7.3 架尾锁的用途和总体结构

架尾锁用于在行军状态下固定大架，并与运输车牵引钩连接迫击炮。它由框架、牵引环和一个锁定机构组成。

框架是管状焊接结构。其通过一根竖管与左大架驻锄铰接，另一根竖管是锁定机构的本体。

锁定机构由两个销轴、两个弹簧、两个环和带手把的曲轴组成。

弹簧销插在锁定机构的本体中，通过环与曲轴铰接。手把上有带杠杆和弹簧的驻栓。在架尾锁关闭时，驻栓在弹簧的作用下进入框架孔中来锁定手把。当架尾锁打开时，压杠杆并从框架孔中抽出驻栓，然后向下转动手把；此时曲轴绕其轴线旋转并将销轴推入架尾锁本体中，弹簧被压缩。通过架尾锁结合大架时，销轴头在弹簧作用下插入右大架的衬套。架尾锁滚轮沿右大架的凸轮滚动，使销轴的轴线与衬套的轴线对齐。

为了与运输车结合，在框架上用螺母固定了牵引环。

4.7.4 座盘的用途和总体结构

座盘是用来保证迫击炮射击稳定性和改变火线高。座盘铰接在下架前部，并被锁定在战斗状态和行军状态。座盘型式是齿轮齿条式，驱动型式是手动。

座盘由支架、座钣和传动机构组成。

支架用于布置和固定座盘的零部件，并将座盘与迫击炮连接。支架由本体、齿条、自锁机构、锁定机构和防护装置组成。

在苏联1975年2月以前生产的迫击炮上，使用一个再装填装置作为座盘的传动机构，为此从炮箱中取出该机构，并安装在下支臂上。卸下再装填装置后，用盖子封住支臂。

座盘传动机构的结构与再装填装置的结构类似，不同之处仅在于没有自锁机构。从支架本体下面拧入自锁器，可以防止本体内齿条反传动。

齿条是一个一侧带齿、另一侧有竖槽的管。竖槽中有止转器。

座盘自锁机构由齿块和带把的手柄组成。

齿块的位置由手柄控制，手把中布置带有弹簧的驻栓。在锁定位置，驻栓头处于支臂孔中，因此只有当手把拉回时才能转动手柄。当手柄转动时，进入齿块横槽的销使齿块与齿条脱离啮合。

锁定机构用于在战斗状态和行军状态锁定座盘。该机构包括锁、两个带弹簧的顶杆和一个支臂。

齿条防护装置由环套和套筒组成。

座钣是座盘支撑。它是个空心的圆盘。座钣底部有筋，可以更好地与土壤贴合。

升起迫击炮时，通过向下转动手柄使自锁机构关闭（此时齿块与齿条脱离啮合），然后顺时针转动座盘传动手柄，使支架本体与迫击炮一起升起（座钣支撑在地面上，齿条保持不变）。同时，环套也被拉长。当凸部到达套筒的底端时，套筒升起开始压缩弹簧。当止转器到达槽的上端时，升起就会停止。当提升完成后，通过向上旋转手柄来打开自锁机构。

在升起后，为了提醒必须锁定座盘，在下架的支臂上固定标牌"用自锁机构锁住座盘"。

降低迫击炮时，关闭自锁机构后，逆时针转动座盘传动机构。此时，支柱体降到环中下端支座，套筒在弹簧作用下到齿条的上端。迫击炮降下后，打开自锁机构。

苏联1975年2月前生产的迫击炮为升降座盘，在支臂上安装再装填装置时，装填装置的齿轮与齿条啮合。该装置实现了座盘传动功能。

4.7.5　开并架固定机构的用途和结构

开架固定机构用于在战斗状态锁定大架，而并架固定机构用于在行军状态锁定大架。该机构由带限位块的支臂和座盘上支臂卡板构成。

为了在战斗状态锁定大架，以驻锄朝下转动大架，并展开大架至架头环座碰到限位块；此时架头凸出部插入下架支臂槽中。然后将座盘置于战斗状态；此时座盘体支臂卡板将架头凸出部限定在支臂槽内。并架固定机构包括限位器、支臂、左大架上的架尾锁。

为了在行军状态锁定大架，将车轮和座盘置于行军状态。此时，座盘体上支臂卡板打开支臂槽，松开架头凸出部。然后，大架并拢，绕环销转至两驻锄相对。并架时，销轴以其轴颈进入支臂槽，而键进入限位槽。并架后用装在左大架上的架尾锁锁定。

4.7.6　带曲轴车轮的用途和结构

带曲轴车轮安装在轴颈本体上。迫击炮的车轮由车轮本身、轮毂和有内胎的轮胎组成。

用螺栓和螺母连接到车轮上的轮毂，支承在半轴轴承上。半轴被压入曲轴并用销钉固定。

曲轴由拧入轴颈本体的法兰固定在轴颈本体上。曲轴和法兰之间有间隙，当车轮锁定机构打开时，曲轴可以沿着轴颈移动。在曲轴末端圆形齿法兰上用螺母固定着限制器。带限制器的齿法兰是车轮锁定机构的组成部分。

4.7.7 车轮锁定机构的用途和结构

车轮锁定机构用于接合、脱离曲轴和轴颈本体之间的齿连接。该机构由轴颈本体和曲轴上的两个齿法兰、两个半卡箍和锁组成。

半卡箍套在轴颈本体法兰轴上。在该轴上套有杠杆，其端部用螺钉与半卡箍铰接。

锁由一个锁环、锁紧手柄和锁盖组成。

锁紧器安装在半卡箍支臂上。它由按钮、弹簧和锁紧器本身组成。按下锁紧器按钮就会压缩弹簧，锁紧器解脱手柄。

当曲轴定位在轴颈上时，半卡箍并到一起；此时半卡箍的倾斜面作用于曲轴和轴颈法兰盘的对接部分，将法兰相互夹紧。法兰两端的齿轮啮合，而限制器头进入槽中或轴颈齿法兰；此时曲轴被锁定在轴颈本体上。

带曲轴的车轮可以锁定在两个状态，即行军状态和战斗状态。要从一个状态向另一个状态转换，需按下锁紧按钮并抬起手柄；此时卡箍分开，使齿法兰脱离啮合，限制器头部移出槽或轴颈齿法兰。然后，曲轴和车轮一起从轴颈齿弧脱离啮合，并绕轴线向上和向前（或向后）回转至限制器。与轴颈上的弧形限制器接触的限制器头部限制了曲轴的回转角度。为了锁定车轮，轴颈本体和曲轴的齿法兰必须啮合，并转动手柄到被锁紧器锁定为止。

4.8 ΠAM-1型光学瞄准镜系统各机构的用途和总体结构及瞄准镜的规正

4.8.1 ΠAM-1型光学瞄准镜的用途和结构

ΠAM-1型光学瞄准镜（图4.15）用于迫击炮射击瞄准。在直接瞄准或间接瞄准射击时，瞄准镜赋予迫击炮身管在垂直和水平面内的必要射向。

光学瞄准镜由两个相连的瞄准镜组成，即直接瞄准镜和间接瞄准镜。

由于使用间接瞄准镜时，直接瞄准镜的光轴不出现错乱，所以瞄准镜总可以用于直接瞄准射击。

迫击炮在战斗状态时，瞄准镜安装在平行四连杆机构支承筒上。

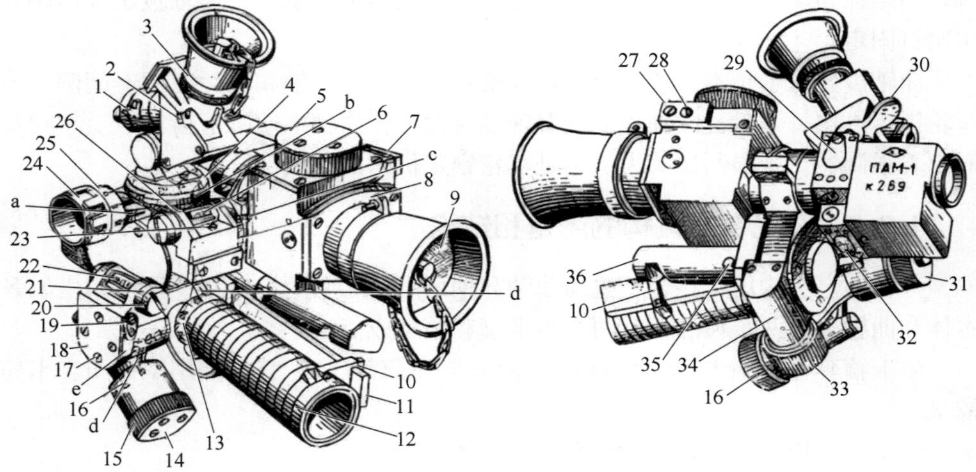

图 4.15　ПАМ-1 型光学瞄准镜

(a) 左视图；(b) 右下视图

1—准星；2—照门；3—间接瞄准镜；4—方向角分划环；5—分划镜移动机构手轮；
6—倾斜水准器；7—直接瞄准镜；8—高低角瞄准机构本分划；9, 29, 32—盖子；10—活动指标；
11—定向杆；12—表尺分划；13—高低角机构辅助分划；14, 17, 19, 23—螺钉；15—高低水准器转螺；
16—侧向水准辅助分划；18—侧向水准机构；20—螺母；21—止动螺钉；
22—高低水准器；24—方向角转螺；25—带分划的方向角度环；26—边框；27—侧板；
28—棱镜；30—手柄；31—高低角机构转螺；33—横向倾斜机构转螺；
34—横向倾斜机构；35—耳轴销；36—瞄准镜轴；a, b, c, d, e—指标

考虑到迫击炮自动机耳轴倾斜，瞄准镜设有横向摆动机构。

直接瞄准镜用于迫击炮身管瞄准目标射击。该瞄准镜是带有转向棱镜系统的光学瞄准镜。

直接瞄准镜装有本体，其中安装了光学系统、规正器和装定器。

光学系统由保护玻璃、3 个直角棱镜转像系统、双透物镜、分划镜、五透目镜和滤光镜组成。

分划镜位于物镜的焦点平面内，并固定在分划镜移动机构的滑架上。分划镜上刻有杀伤迫击炮弹用瞄准分划和带有瞄准标记的方向提前修正分划。瞄准标记是角标和立标。带垂线的中央大角标用于在不考虑方向修正量的瞄准，而位于中央大角标左右的小角标和立标用于考虑方向修正量的瞄准。

两个相邻角标顶部之间的距离对应 0-10，而角标顶部和立标之间的距离对应 0-05。按方向提前修正量分划，可以向左右修正达 0-50。在中央角标顶和垂线起始端之间有对应 0-02 的间隔。

瞄准分划上有数标，对应于 100 m。例如，数字 2 对应距离是 200 m，数字 3 对应距离是 300 m，等等。

沿瞄准镜视场中的固定水平标线移动分划镜，确定分划装定距离。

瞄准镜规正器用于在两个相互垂直的方向上移动物镜，以使瞄准镜的光轴与迫击炮的炮膛轴线一致。规正器有滑块，带物镜的标线架拧入其中。在转动规正器螺杆时，滑块有可能在水平和垂直面上移动。

瞄准镜装定器用来装定瞄准角。它有个基座，装有带箍分划镜的滑架在其上滑动。当转动装定器手轮时，旋转与螺杆相连的连接螺母，迫使和滑架相连的螺杆在其内旋出旋进。装定器空行程被装在内部的弹簧所消除。

间接瞄准镜用于迫击炮间接瞄准射击时瞄准远点或 K-1 型标定器。该瞄准镜是一种折转式瞄准镜，由方向角、高角和炮目高低角装定机构组成。

瞄准镜光学系统安装在镜头部本体内，其由双透物镜、屋脊棱镜、分划镜和四透目镜组成。

分划镜安装在标线架上且位于目镜焦平面上。分划镜上刻有十字线和专压分划，其数标记与 K-1 型标定器分划镜的垂直区相对应。位于立标左边的标记用数字，而立标右边的标记用字母。

在镜头部本体左侧布置可概略瞄准目标的带照门准星，镜头部可以在其轴上垂直平面内转±20°。瞄准镜被立柱上的方向角蜗轮手柄固定在所需位置，并随其一起旋转。

方向角装定机构用于在水平面内装定角度。它安装在瞄准镜本体上，由在轴上旋转的蜗轮和偏心旋转的蜗杆组成。

蜗杆上固定侧倾角转螺和角度分划环，其上有 100 分度，每分度值为 0-01；每 10 分度用数字标记。蜗轮上用压板和两个螺钉固定方向角分划环，上有值为 1-00 的分度；每 5 分度用数字标记。转螺的一整圈相当于方向角分划环的一整圈分度。

高角装定机构用于装定从 $-1°10'$ 到 $+85°$ 射界内的高角。它安装在瞄准镜本体上，由蜗弧和蜗杆组成。该机构有两个"密位"分划，即本分划（表尺）和辅助分划。

本分划和辅助分划都固定在蜗杆上。高角机构的本分划刻在本体上。高角机构的辅助分划有 100 等分分度；每 10 分度用数字标记，每分度值为 0-01。本分划上有 10 等分分度，每 2 分度用偶数标记，每分度值为 1-00。辅助分划的一整圈对应本分划上的一个分度。

瞄准镜的高低水准器机构用来装定炮目高低角。它被安装在高低水准器机构的本体中。该机构由蜗杆、蜗轮和一个高低水准器组成。靠转螺旋转蜗杆带动与蜗轮的啮合。高低水准器的辅助分划刻制在转螺上，有 100 分度；每 10 分度用数字标记。本分划在高低水准器本体上刻制，有 5 分度，其中 2 个分度用数标记。数 30 对应高低角装定零位。按所对应的指标进行辅助分划和本分划的读数。

高低水准器气泡固定在与蜗轮固连的支臂上。

横倾调整器用于调整自动机耳轴倾斜度。该机构安装在横倾调整器本体内，由蜗杆、蜗弧和横向水准器组成。

转螺旋转时，本体连同间接瞄准镜和直接瞄准镜一起在瞄准镜轴上旋转，从而通过横倾水准器实现 ПАМ-1 型瞄准镜调平。在轴上和本体上都有指标，用于将横倾调整器置于中间位置。

倾斜水准器和高低水准器一样，由框架中的气泡、环和用螺钉紧定的螺母组成。

ПАМ-1 型瞄准镜盒用于携带和储存光学瞄准镜及其全套备附具。金属盒内有支架，在收装瞄准镜时，将镜轴插入支架孔中。所有分划置零并在横倾调整器的指标相对应时，将瞄准镜放入瞄准镜盒中；间接瞄准镜的镜头向后调到极限位置，并用夹子固定。

瞄准镜成套备附具包括照明设备、滤光镜、瞄准镜罩、两个备用带座的气泡、螺钉刀和擦拭纸。成套备附具中的滤光镜是在刺眼的光线下射击时使用。盒中有携行背带，封在带锁的盖中。

4.8.2　K-1 型标定器

K-1 型标定器是一种光学仪器，在迫击炮方向瞄准时作为瞄准点使用。当在没有远点和没有良好可见瞄准点的各种情况下使用 K-1 型标定器，即在夜间、在烟雾或大雾条件下，及在射击阵地位于树林或灌木丛中时。

当使用 K-1 型标定器时，迫击炮的瞄准误差不大于方向角的一个分度（0-01），即达到与迫击炮使用间接瞄准镜瞄准远点时相同的精度。

K-1 型标定器成套仪器包括火炮标定器、带杯座和夹紧螺杆的三脚架、标定器罩、带照明灯座的电线、插头套、遮光罩和包装箱。K-1 型标定器的蓄电池组包含在迫击炮照明具中。

K-1 型标定器是一个变截面管，其内布置仪器的光学系统（详见第 2 章 2.8 节）。

4.8.3　ЛУЧ-ПМ2М 型照明具

ЛУЧ-ПМ2М 型照明具用来照亮 ПАМ-1 型瞄准镜的分划镜、本分划、辅助分划和水准仪、K-1 型标定器以及炮长和装填手的镜组，以保证该系统炮班在昼夜不良可见度的条件下工作（详见第 2 章第 2.8 节）。

照明具可以在任何道路上用运输车厢运输。此时，应确保包装箱盖朝上，并可靠关紧，以防止电池电解液泄漏。如果电池电压下降到 1.1 V（根据灯泡灯丝电压判断），必须将电池送去充电。

应保护电池免受高温和低温的影响：电解液不可加热到 45 ℃ 以上；密度为 1.19~1.21 g/cm³ 的电解液在 −21~−25 ℃ 的温度下会凝结。为了提高电池的耐冻性，可以将电解液的密度提高到 1.3 g/cm³；在这种情况下，电解液的凝点会降到-40 ℃。

4.8.4　ПАМ-1 型瞄准镜的规正

瞄准镜的规正对准瞄准点进行，在没有远点时，对准靶板。瞄准点（杆顶、建筑物的角等）必须距离迫击炮至少 400 m。瞄准镜校准靶板预先按操作说明准备好，置于迫击炮前方 40~60 m 且瞄准线按铅锤垂直。靶板上垂线应在左侧。

为了消除瞄准镜和迫击炮空行程对规正精度的影响，每次按相同方向（顺时针或逆时针）转动瞄准镜分划和象限仪相关的手轮和转螺来设定测量角。

1. 规正瞄准镜准备迫击炮

① 将迫击炮转换到战斗状态（运动部分不后拉，驻锄不埋入、不注水），不在台架上升高火炮；检查高低机和方向机工作情况。

② 检查平行四连杆机构零件的紧固性。

③ 检查象限仪。

④ 转动高低机手轮，调平身管；用沿炮膛轴线放置在炮箱检查平面上的象限仪检查身管水平程度。

⑤ 调平自动机耳轴，在其中一个大架驻锄下垫垫木；用垂直炮膛轴线放置在炮箱检查平面上的象限仪检查耳轴水平程度。

⑥ 将转接器插入身管至限位面。

⑦ 预先取下保护片，将校靶镜尾部插入转接器到限位环；转接器上的锁定器应安在垂直面顶部。

2. 检查 TXП（校靶镜）

① 转动高低机和方向机手轮，将 TXП（校靶镜）分划镜十字线与瞄准点或靶板上右十字线重合。

② 将校靶镜在转接器中旋转 180°。

③ 检查瞄准点在校靶镜目镜中的位置；瞄准点相对于 TXП（校靶镜）的分划镜十字线的变位不应超过一个小刻度。

④ 将校靶镜转 180°回到原位。

3. 规正高角机构

1）瞄准镜高角机构零位规正

① 旋转转螺，将辅助分划的"0"标与指标对齐。

② 检查本分划上的"0"标与指标对齐情况。

③ 如果"0"标与指标未对齐，将指标的两个螺钉拧出半圈，移动指标与本分划"0"标对齐，然后拧紧螺钉。

2）瞄准镜高低角水准器零位规正

① 用在炮箱检查平面上沿炮膛轴线放置的象限仪检查身管水平程度；象限

仪水准气泡必须居中。

② 旋转横倾调整器转螺，使横倾水准器气泡居中。

③ 旋转高低角水准器机构转螺，使高低角水准器气泡居中。

④ 检查高低角水准器机构上本分划与指标的对齐情况；如果没有对齐，将指标的两个螺钉拧出半圈，移动指标，使其与高低角水准器上的本分划对齐，然后拧紧螺钉。

⑤ 检查高低角水准器机构上辅助分划盘的"0"标与指标的对齐情况；如果没有对齐，将转螺末端的3个螺钉拧出一圈，握住转螺前拉辅助分划，旋转辅助分划到"0"标与指标对齐，并拧紧螺钉。

4. 间接瞄准镜的瞄准零线规正

① 将迫击炮身管瞄准远处瞄准点或靶板，为此通过ТХП（校靶镜）瞄准，旋转高低机和方向机的手轮将校靶镜十字线与瞄准点（柱顶、建筑物顶角等）或靶板十字线重合。

② 旋转横倾调整器转螺，使瞄准镜横倾水准器气泡居中。

③ 旋转高角装定器转螺，将间接瞄准镜的十字垂线与瞄准点或靶板上的垂线重合。

④ 检查高角装定器本分划标线与角度分划环指标的对齐情况；如果没有对齐，将板上两个螺钉拧出半圈，转动角度分划环，直到本分划标线与指标对齐再拧紧螺钉。

⑤ 检查高角装定器辅助分划"0"标与指标的对齐情况；如果没有对齐，将转螺末端的4个螺钉拧出一圈；握住转螺前拉辅助分划，旋转辅助分划，直到"0"标与指标对齐再拧紧螺钉。

5. 直接瞄准镜的零位规正

① 旋转装定器手轮，使直接瞄准镜分划镜的零位标线"0"与固定水平线重合。

② 检查分划镜中央大角标与瞄准点或靶板左侧十字线中心的重合情况；如果没有对齐，将护盖上的螺钉拧出四五圈，将盖转到侧面，转动盖下面的校准螺杆，使分划镜中央大角标顶部与瞄准点或靶板十字线的中心重合，然后盖上护盖，用螺钉紧固。

4.9　2Ф54型运输车

用途和结构

2Ф54型运输车［图4.16（a）、（b）］用来运输迫击炮、弹药、一整套备附具和2K21型迫击炮系统战炮班，也可用来牵引迫击炮。

第 4 章　2K21 型迫击炮系统

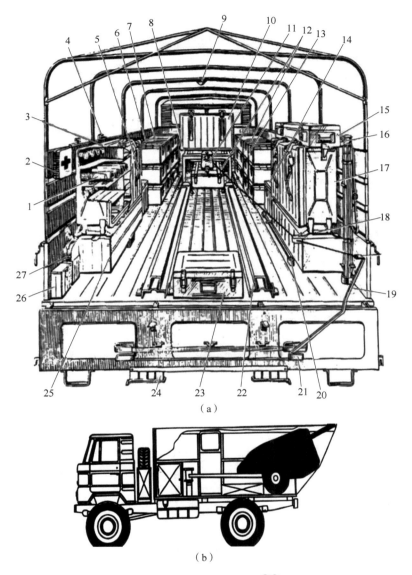

（a）

（b）

图 4.16　2Ф54 型运输车①②

（a）车厢内部结构；（b）行军状态的 2K21 型迫击炮系统
1—带弹弹夹；2—军用急救箱；3—弹夹箱；4—支臂；5—ЛУЧ-ПМ2М 型照明设备箱；
11—固定器；12—药包箱；13—箱柜架；14—右座箱；20—撬棍；21—挂钩；
22—支承梁；23—发射装药箱；24—支臂；25—锯

---

① 原著图 4.16（a）中零、部件序号及图注不连续，重新进行了排序；图中的零、部件 6~10、15~19、26、27 存在序号指示线，但图注与零、部件无法对应，其名称不详。——译者

② Карпенко А. http://booksonline.com.ua/view.php？book=55008&page=50.

117

运输车是ГАЗ-66-05式载重汽车，装有绞盘和屏蔽的电气设备。汽车车篷和车身经过改装，配备迫击炮专用设备和固定装置、迫击炮装卸升降设备。[①]

汽车车厢中布置和固定了带弹药的弹夹箱、弹药箱、仪器箱和2K21型迫击炮系统整套备附具。

4.9.1　ГАЗ-66-05式汽车

ГАЗ-66-05式汽车的技术性能如下：

发动机功率 ……………………………………………… 115 HP[②]
车质量 …………………………………………………… 3 930 kg
最大速度 ………………………………………………… 90~95 km/h
燃油箱容积 ……………………………………………… 210 L
百公里耗油量/续驶里程 ………………………………… 24 L/875 km

在ГАЗ-66-05式整备车上，仅改装车厢和车篷。

1. 货厢的改装

① 在前板车厢中心，安装了固定器架，以固定迫击炮的牵引环。

② 在轮罩和收集箱框架上装有3个带弹的弹夹箱。

③ 在车厢安装了13个弹药箱（两侧板各6个，框架下1个）。

④ 仪器箱用作行进时的炮班座椅，箱盖用人造革包裹泡沫填充物。

⑤ 在仪器箱上方，车厢板被切开并安装了两扇门，用于炮班从任意一侧上下车；踏板连接在靠近车厢底的门下方。

⑥ 在车厢后板旁边的两骨架之间安装了发射装药箱。

⑦ 靠车厢侧板固定了弹药箱固定柜架。

⑧ 弹药箱上方用螺栓和螺母在支臂上固定2K21型迫击炮系统的一整套备附具箱。

⑨ 靠近车厢后保险杠固定了一个拉伸改装车篷用框架。

2. 车篷的改装

① 为在车厢侧板上装门，在车篷里从左、右两侧进行切割。

② 车篷后部被延长，以盖住在车厢内运输迫击炮时的突出部分。

在行军状态为防护炮班、迫击炮和弹药免受尘土侵扰，车篷后面的下部用绳索拉紧。

在车篷的第三个弓形架上，安装了带开关的照明灯罩、炮班与驾驶室内炮长联系的信号按钮。

2Б9М型迫击炮的运输车车厢中没有运水桶。

---

①　Хандогин В. А., Привалов С. Д., Назарян Г. А. Минометы. Учебное пособие для вузов Ракетных войск и Артиллерии. Коломна, 2004. C. 133.

②　1 HP = 735.5 W。

行军状态下迫击炮固定在2Ф54型运输车车厢内，通过牵引环和下架本体两点固定。

4.9.2 升降设备

升降设备位于汽车车厢内，由滑轮组和两个金属梁组成。滑轮组由两个滑车、两个滑轮和尼龙绳组成。

当从车厢内卸下（装载）迫击炮时，滑轮组的一个滑车连接到固定在车厢前板的环上，另一个连接到架尾锁环上。

金属梁是推上（推出）迫击炮的必备件，两梁是一样的。在梁的一端设有挂钩，用于将其固定在运输车后板边缘。

4.10 迫击炮发射前准备

该系统允许由熟悉其结构和操作规则，以及掌握安全措施和弹药使用规则的人员（炮班）操作。所有的系统操作和射击准备工作，及射击实施只能按照炮长命令进行。炮班每个成员都必须掌握迫击炮各种准备方案的操作程序。

系统只有在完好状态下才能操作。对有问题的系统必须进行维修。

在安装或拆卸ПАМ-1型瞄准镜时，注意不要让瞄准镜撞到金属物体上。在转动方向角、高角、高低角的装定手轮及规正器螺杆时，不要施加大力。为了保护光学零件（小型和大型镜头部的目镜及物镜）在储存和运输过程中不受污染和机械损伤，请始终使用瞄准镜套件护罩。调整间接瞄准镜时，要把方向角机构的解脱手柄平稳地转到初位。

4.10.1 迫击炮使用时的安全措施

在使用弹药之前，要对炮班进行安全规则和弹药使用的指导，并检查对规则的掌握情况。

禁止发射不合格弹药或装入迫击炮弹稳定管自由无过盈的基本装药。

禁止以下行为：

① 拆解引信和拆下基本发射药、附加装药。

② 未按用途使用弹药。

③ 对已装填弹药的迫击炮，变更发射阵地。

使用运输车时，禁止以下行为：

① 在运输车后承梁之间以及运输车装卸迫击炮时所涉及的可能通道上站立。

② 使用固定组件有问题的运输车来装载、运输或牵引迫击炮。

③ 迫击炮、工具、附件和弹药未固定在运输车车厢内。

当迫击炮转换为战斗状态时，注意以下事项：

① 迫击炮升降停止后，每次用手动固定器固定座盘。

② 只有在发射保险打开（置于"保险"位置）、将运动部分置在自动阻铁上时，才能将再装填装置置于"关闭"位置。

③ 每当带有止动器的再装填装置打开手柄停止时，请确保棘爪可靠地顶在棘轮齿上。

④ 只有在开架，座盘处于战斗状态后，才能将车轮锁定机构开锁。

⑤ 注意用处于战斗状态的座盘可靠限制大架。

在发射期间，注意以下事项：

① 严格遵守射击条件。

② 注意弹药在弹夹中的正确位置。

③ 只有在装填手报告装填完成后，炮长发令才可按下发射杠杆或拉发射手柄。

④ 每次停止射击后都要打开发射保险。

⑤ 在射击间隔期间，检查并补充冷却套筒中的水位，以避免身管过热和在急速射时提前点燃附加装药；在拧开注水孔盖前，通过控制阀释放水蒸气。

⑥ 除瞄准目标外，不要对已装填的迫击炮进行任何操作（并架、转换为行军状态、排除故障、机构拆解和调整等）。

⑦ 在自动机炮箱内身管中央反复出现火焰的情况下，停止射击，找到原因并排除故障。

注意：在射击期间，当出现迫击炮瞎火或自动机运动部分不停在阻铁上时，必须严格遵守迫击炮操作规程。谨记如不遵守上述要求会导致迫击炮重复装填，在继续射击时使其损坏，并危及炮班安全。

禁止以下行为：

① 使用存在故障的迫击炮发射。

② 如果自动机运动部分后坐长偏离正常值时，继续射击。

③ 用车轮支撑的迫击炮发射（车轮应固定在前方位置）。

④ 退弹时，松开弹夹的手柄与滑板脱开。

⑤ 在射击过程间断时，用炮衣盖住身管。

⑥ 在座盘未固定大架的情况下进行射击。

⑦ 将迫击炮位于迫击炮后面的射面内掉转到后面。

⑧ 在瞎火或后坐不足的情况下，当炮闩进入弹夹最后一发弹筒时，经过时间不足 5 min 退弹。

在被迫迟发火的情况下，要严格按照规定退弹，然后才能消除迟发火的原因。

停止射击后，注意以下事项：

① 用再装填装置手柄将运动部分带到前方位置，握住手柄以防运动部分加速。

② 从冷却系统排水时要小心防止热蒸气；通过控制阀放气后再拧开螺塞。

禁止通过模拟射击压发射杠杆或手轮来解脱自动机的运动部分。

在技术维护时，注意以下事项：

① 检查迫击炮是否退弹。

② 严格遵守迫击炮机构分解和装配规程，不能违反操作规程。

③ 严禁使用损坏的工具或附件。

④ 在分解受弹簧作用的组件之前，确保弹簧被工具锁定，或采取措施防止弹簧随意作用。

弹药使用时，应遵守以下预防措施：

① 不允许跌落弹药箱、弹药及其组件。

② 不允许撞击基本发射药、底火、附加装药和引信。

③ 不允许发射受潮的或剧烈撞击过的以及损坏的弹药。

④ 严禁触碰在靶场和射击场射击后未爆炸的弹丸。这类弹必须按照有关规定在其落点销毁。

由 2Ф54 型运输车运输弹药时，注意以下事项：

① 使用弹药制造商提供的弹药箱；弹药箱必须用运输车车厢内的保持架固定；禁止运输超 13 箱弹药。

② 使用弹夹箱时，按弹重挑选弹丸，装上基本发射药和引信，装入弹夹，附加装药装入箱中；为装入弹夹，弹丸必须备好。

从打开附加装药的包装到弹药最后装填，弹夹箱的允许储存时间不超过 10 天（包括运输时间）。

禁止以下行为：

① 运输无包装容器的弹丸。

② 从车上无保持架卸下弹药箱。

③ 抛掷、倒置、撞击、在地面拖拉弹药箱。

④ 以额外的和损坏的包装、或包装盖朝下运输弹丸和引信。

⑤ 散装堆放弹药。

发射前按以下顺序准备弹药：

① 挑选同一弹重符号的弹丸。

② 用抹布清除弹体上的油脂，此时特别注意炮弹定心部、稳定管和尾翼以及传火孔。

③ 检查稳定尾翼是否有弯曲或断裂，稳定管拧入弹体是否牢固，基本发射药管在稳定管中是否推到底，炮弹本体是否有裂纹、凹痕或其他缺陷；有以上缺陷的炮弹不允许发射。

④ 检查引信：如果箱子和装有引信的盒子启封时，发现盒内潮湿或金属部分有锈蚀，则整批引信报废；禁止有裂纹或塑料体上缺角，或膜片破裂或压凹的引信与弹装配。

⑤ 检查发射装药：所有装药必须是干燥的；应避免将不同批次火药的发射药和不同制造商发射药混合；禁止用壳体破损的附加装药与弹装配。

⑥ 用手将引信拧入弹体，然后用专用扳手将其拧死。

⑦ 挑出用于装入弹夹的炮弹，在稳定管与弹翼定位块上可靠固定附加装药；小心地塞入绳索的两端，使其不凸出于装药表面；必要时将包装发射装药的纸箱和蜡纸放入装药箱保存起来。

⑧ 弹药放入弹夹中，不允许弹夹弹筒中的弹丸有间隙；弹丸稳定装置在放入弹夹时应倒置向弹夹后滑轨，而弹体定心部应置于弹夹弹筒上的挡板之间；炮弹必须从第四个弹筒开始依次放入弹夹（从右到左），引信保险销朝下。

⑨ 把装好弹药的弹夹放入弹夹箱。

⑩ 要在弹夹上的迫击炮弹上增加附加装药，必须用扳手分开弹筒，将迫击炮弹后拉，解脱稳定装置，取出扳手；按上述方法在迫击炮弹上添加附加装药，并将炮弹推回弹筒。

注意：在发射阵地射击前，要立即从引信上摘下带保险帽的保险销。保险帽和保险销要保存到射击结束。

在发射阵地将装好弹的弹夹放在迫击炮右侧的垫子上。用垫子的其余部分盖住弹药，使弹药免受降雨的影响。

迫击炮装填时，要注意炮弹在弹夹中的正确位置，不允许引信碰到迫击炮的弹槽。摘取引信保险帽时，不允许发射头部向下的弹药。

在发射结束后，须将射击时未使用的炮弹放入箱中，并提前取下附加装药，套上并锁上引信的保险帽，用与身管相同的油脂涂在弹丸定心部。从弹夹中取出炮弹时，请使用专用扳手撑开弹夹弹筒。取出的附加装药放入纸箱后，用原来包装装药的石蜡纸包裹。后续将首先使用这些未使用的弹药。

4.10.2 发射前的迫击炮操作

1. 选择并准备发射阵地

发射阵地必须满足以下条件：平射或曲射方式下有足够的射界；迫击炮射击时要具备稳定性；迫击炮能瞄准远点或标定器。

发射阵地区域应尽可能平整和水平，而阵地尺寸应保证容纳迫击炮、带弹弹夹和空弹夹。

为准备迫击炮的发射阵地，应清理选定布炮阵地上的大石头或松软积雪，并用铲子铲平。此外，在迫击炮的左侧和右侧准备好平坦的区域，面积为 $2 \text{ m} \times 1.5 \text{ m}$，用于放置带弹弹夹和空弹夹。

发射前系统准备时，完成以下工作：

① 卸下迫击炮。

② 卸下位于运输车车厢内专用点位置和箱内的一整套备附具。
③ 卸下弹药箱和弹夹箱中的弹药。
④ 将升降设备收起并固定在车厢内。
⑤ 将运输车放进掩体中。

按下列顺序将迫击炮转换为战斗状态：
① 解开带子，取下主体遮盖炮衣和炮口帽。
② 开架，并将其锁定在战斗状态，为此：
 a. 按下杠杆，向下转动手把到死点，打开架尾锁；
 b. 转动左大架上的架尾锁，直到锁定机构将其固定；
 c. 侧向展开大架，将其旋转 90°，驻锄朝下，并进一步展开，直到其凸起部完全插入下架支臂槽中；
 d. 握住座盘的座钣手柄，缩回锁，放下座盘，直到锁凸起落入支臂槽。
③ 用座盘升起迫击炮，为此：
 a. 拉回驻栓头并转动手柄到下位限制点，使座盘解锁；
 b. 顺时针转动座盘传动机构或再装填装置的手柄到限位处，抬起迫击炮；
 c. 握住座盘传动机构或再装填装置的手柄，用另一只手拉起驻栓头，向上转动自锁手柄到限位点，锁定座盘，头部驻栓应插入支臂孔；
 d. 如果不转自锁手柄，座盘传动机构或再装填装置手柄转回。
④ 将迫击炮车轮转换到战斗状态，为此：
 a. 按下锁紧按钮并抬起手柄，打开锁定机构的锁；
 b. 把带曲轴的车轮拉向一侧到限位处；
 c. 将带曲轴的车轮向上和向前推到限位处；
 d. 上下摇摆车轮，将曲轴拉到迫击炮的轴上，回转手柄。
⑤ 将驻锄埋入土壤。
⑥ 将 ПАМ-1 型瞄准镜安装在平行四连杆机构支承筒里，为此：
 a. 仔细清洁瞄准镜和支承筒配合位置的砂尘；
 b. 下压手柄；
 c. 将瞄准镜轴插入支承筒孔中，一直插到底；
 d. 松开支承筒上手柄，手柄应回到原来的位置；
 e. 检查瞄准镜锁定情况，必须达到固定不动。
⑦ 使运动部分拉到待发状态，为此：
 a. 将再装填装置置于"开启"位置，按下驻栓手柄，逆时针转动再装填装置本体到限位处，然后松开手柄；
 b. 顺时针转手柄，转再装填装置本体到驻栓插入支臂上的另一孔中为止；
 c. 逆时针回转再装填装置手柄，将自动机运动部分向后拉，直到它停在自动阻铁上。

注意：用再装填装置将运动部分拉到待发时，在所有情况下拉到它停在自动阻铁上。为防止供弹机零件损坏，禁止用再装填装置使运动部分处于不确实的待发状态。

⑧ 拉开保险帽盖，将保险器手柄向前推到碰块处，使指针转到"保险"位置，打开发射保险器。

⑨ 打开左右耳轴盖。

⑩ 清除身管内膛和炮闩镜面的油脂，为此：

a. 转动高低机手轮，将身管置于水平位置；

b. 用干净的抹布包着擦炮刷擦拭身管内膛；

c. 用干净的抹布擦拭身管的炮尾端面和闩体镜面。

⑪ 将再装填装置置于"关闭"位置。

在 $-1°\sim 7°$ 的高低射界内进行射击，迫击炮必须将座盘下降至限位处，并锁定座盘。

在 $7°\sim 78°$ 的高低射界内进行射击，迫击炮可以在座盘降低和升高的情况下发射。如在座盘降低的情况下，在 $40°\sim 78°$ 的射界内，自动机下地面挖坑，使后箱体和拉杆后端凸出部在整个方向射界内，则不妨碍身管打高。

只有当迫击炮被座盘升起时，才能在 $78°\sim 85°$ 的高低射界内进行射击。

卸下带弹弹夹并将其放在迫击炮右侧的垫子上。弹夹按 4 列、每列 6 个摆放在垫子边缘，然后用垫子另一半盖住。禁止将弹夹放在地上。

在急速射击期间（当迫击炮以冷却方式进行发射前准备时），向冷却套中注水，为此：

① 转动高低机手轮，使身管处于水平位置。

② 用扳手拧开盖子。

③ 将漏斗插入套管，向水套中注水，直到水从漏斗口溢出。

④ 取下漏斗，拧上盖子。

注意：如果射击时按照无冷却方式发射，可不向冷却套中注水。

2. 射击前检查迫击炮

进行迫击炮外观检查：排除发现的故障。

检查方向机的工作情况：手轮转动应无卡滞和冲击。

检查高低机的工作情况：手轮转动应无卡滞和冲击；检查在最大射角时后箱体是否碰地；必要时将后箱体下的地面修平或挖坑。

观察 ΠAM-1 型瞄准镜，并对其检查。

检查击针是否顶出击针机盖。

用弹夹拉回供弹滑板，并检查液压缓冲器注液情况。液压缓冲杆上必须可见检查（前面）标记。

3. 装填和射击

迫击炮在装填前，从炮弹引信上拔出保险销和摘下防护帽，装入弹夹。确保所有弹夹上的防护帽都已摘下。

迫击炮要装填时，将带弹的弹夹放在右耳轴盖托盘上，并将其推到限位处。

注意：如果弹夹没有完全装满炮弹，那么在装填时通过弹夹拉滑板到限位块，让弹夹所处位置能使有弹的第一个弹筒进入滑板供弹爪后。

在每个装有炮弹的弹夹推入自动机后，装填手应将后坐标尺推至前方位置，并向瞄准手报告装填完成。

单发射击时将单/连发转换机构杠杆置于"单发"位，自动射击时置于"自动"位。

射击前，关闭发射保险器，即向后拉防护帽，并将保险器手柄后移到限位处。此时，指针转到"发射"位置。

压下发射杠杆或拉发射手轮来发射。只有在高低射角不大于10°的直瞄射击时才使用发射手轮。如果要停止自动射击，松开发射杠杆或发射手轮即可。

在发射完弹夹弹筒内最后一发弹后，要恢复自动射击，必须松开发射杠杆（发射手轮），并在迫击炮装填完毕后再次将其按下。

注意：在装填手报告装填完成前，禁止压下发射杠杆或拉发射手轮。

为了下发进行单发射击，必须先松开发射杠杆或发射手轮，并再次将其压下。

4. 退弹

在迫击炮停射后和射击迟发火时，从迫击炮退弹需执行以下操作：

① 打开发射箱保险器。

② 将身管置于0°~45°的任意射角。

③ 用弹夹末端钩住供弹机滑板挂钩。

④ 将弹夹中间部分顶在斜槽底部的挡块上，压下弹夹手柄，将供弹机滑块向右拉到底。

⑤ 抓住弹夹滑板，将带未发射弹的弹夹通过左耳轴盖推到另一炮手的手户。

⑥ 松开供弹机滑板，将弹夹脱开滑板。

迫击炮瞎火后，要在5 min后按以下顺序从迫击炮上退弹：

① 旋转高低机手轮，将身管置于水平位置。

② 使再装填装置处于"开启"位置，并逆时针转动手柄，将运动部分移到最后面的位置，直到停在自动阻铁上。

③ 打开发射保险器。

④ 用弹夹的末端钩住供弹机滑板挂钩。

⑤ 将弹夹中间部分顶在斜槽底部的挡块上，压下弹夹手柄，将供弹机滑块

向右拉到底。
　　⑥ 抓住弹夹滑板，将带未发射弹的弹夹通过左耳轴盖推到另一炮手的手中。
　　⑦ 松开供弹机滑板，将弹夹脱开滑板。
　　⑧ 在退瞎火弹的后续操作时（以避免运动部分意外释放），必须由其中一个炮手打开再装填装置的驻栓机构。
　　⑨ 用左手遮住身管后端面。
　　⑩ 必要时赋予身管射角，靠自重作用退出弹。
　　⑪ 在弹落下时，左手握住尾翼保护底火免受撞击，而右手握住弹体，通过右耳轴盖将其从炮箱中取出。
　　如果弹夹卡在供弹机导轨上，按以下顺序退弹：
　　① 打开发射保险器。
　　② 将片状退弹器插入弹夹下的供弹爪，一直插到底。
　　③ 握住片状退弹器，用弹夹拉滑板。
　　④ 推动弹夹和供弹爪之间的片状退弹器，脱开滑板供弹爪。
　　⑤ 松开滑板，取下弹夹。
　　⑥ 从弹夹后面插入第二个片状退弹器，关闭单/连发转换杠杆。
　　⑦ 通过右耳轴取出弹夹。
　　在自动阻铁发生故障的情况下，按以下顺序退弹：
　　① 通过右耳轴盖，在弹夹和炮闩之间插入片状退弹器，一直插到弹夹端头。
　　② 使再装填装置置于"开启"位置，将运动部分向后推到底，并用再装填装置的锁止器保持住。
　　③ 用弹夹将供弹机滑板向右拉到底；此时发射机应处于待发状态，自动阻铁应落入上杆挡块下面。
　　④ 松开滑板，取下弹夹。
　　⑤ 用再装填装置将运动部分向前推，直到它停在自动阻铁上。
　　⑥ 将发射保险器置于"保险"位置。
　　⑦ 取出片状退弹器。
　　⑧ 退出迫击炮弹夹中弹药。
　　后坐不足情况下退弹：当炮闩进入最后一发弹的弹筒时，按照迫击炮瞎火时的顺序退弹；如果不是设想的后坐不足，而实际上是瞎火，这种情况就可以将炮弹从膛内取出。
　　在后坐不足时要退出迫击炮中弹药：当炮闩进入弹夹弹筒时，阻挡供弹，用再装填装置后拉运动部分，直到它们停在自动阻铁上，然后用与停射后相同的顺序退弹。
　　迫击炮退弹后，按下列顺序完成行军状态转换：

① 将瞄准镜分划置零，从迫击炮上取下瞄准镜，清理灰尘，放入镜盒。

② 转动高低机手轮，将身管置于水平位置，排出冷却套中的水。排水时，用 S-22 型扳手拧开放水螺塞，通过上下摇晃大架，将水完全排出，然后重新将带垫圈的放水螺塞装回原位。

③ 给身管内膛和炮闩头部涂油，为此：

a. 身管内膛涂油；

b. 将再装填装置置于"开启"位置；

c. 关闭发射保险器；

d. 握住再装填装置手柄，压下供弹滑板，并逐渐减小再装填装置手柄力，将身管头部向前拉出 30~40 mm；

e. 用干净的抹布清洁闩体镜面，并涂一薄层 ЦИАТИМ-201 型润滑脂；

f. 松开再装填装置手柄，将运动部分移至最前极限位置，关闭耳轴盖。

④ 将迫击炮车轮转换至行军状态，为此：

a. 按下按钮打开车轮锁定机构上的锁，并抬起手柄；

b. 把带曲轴的车轮拉到一侧限位处；

c. 向上和向后晃动车轮；

d. 将带曲轴的车轮套在下架轴上，落下手柄关闭锁定机构上的锁。

⑤ 放落迫击炮，为此：

a. 握住座盘传动机构或再装填装置的手柄，向后拉齿块和向下转动手柄到限位处，解锁座盘；

b. 逆时针转动座盘传动机构驱动器或再装填装置手柄，将迫击炮降至限位处；

c. 握住座盘传动机构或再装填装置的手柄，向后拉动齿块，并将手柄向上转动到限位处，锁止座盘；

d. 如果手柄没有转动，可将座盘传动机构或再装填装置的手柄转回。

⑥ 将再装填装置设置在"开启"位置，按下驻栓机构把手，转动再装填装置本体到限位处，然后松开把手；顺时针旋转把手；转动再装填装置本体直至驻栓插入炮箱支臂的另一个孔中。

⑦ 转动方向机和高低机的手轮，将自动机置于行军状态。上架卡箍上的箭头必须与自动机耳轴上的箭头对齐；上架底座上的箭头必须与下架本体上的箭头对齐。

⑧ 并大架，将自动机固定在行军状态，为此：

a. 拉出锁定机构锁，升座盘到锁凸起落入支臂上凹槽中；

b. 并大架，直到架头凸出部从下架支臂槽中出来，将大架旋转 90°，使两驻锄相对合在一起，直到固定器插销插入后箱体插孔中为止；

c. 转动瞄准机保证插销与插孔对准；

d. 按下把手，用架尾锁将大架驻锄连接，向上转锁紧把手，直到止动器下降到与孔啮合。

为迫击炮穿上炮衣，并扣紧，用炮口帽套罩住身管。

4.10.3 备附具

备件、附件和工具（ЗИП）用于2К21型迫击炮系统的操作使用、技术维护和维修保养。

备附具包括备用组件和装置、附件和通用工具。备附具分为单套、组套和修理套。

每个系统都预备单套备附具；4个系统预备一组套备附具；12个系统预备一修理套备附具。

备件、附件和工具存放在标准的金属箱中。备附具中每件的存放位置都在2К21型迫击炮系统备附具清单上标明，并在备附具箱盖内侧制有标牌。

苏联1975年前生产的迫击炮单套备附具的1号箱固定在迫击炮的右大架上。苏联或俄罗斯1975年后生产的迫击炮上没有1号箱，箱内零件装至单套备附具的2号箱内。

单套备附具的1号箱包含以下工具和附件：2Б9.Сб 16-1型螺丝刀、2Б9.Сб 16-77型连接钩-把手、2Б9.Сб 16-80型连接钩、2Б9.Сб 16-199型弹夹扳手、2Б9.Сб 16-2型弹夹、2Б9.16-78型和2Б9.16-79型或2Б9.16-286型和2Б9.16-287型装配螺柱。

迫击炮和运输车的单套备附具和大型附件（大锤、铁棍、锯子）固定在2Ф54型运输车的车厢内。组套和修理套备附具存放在备附具库房内。

4.10.4 可能出现的故障及排除方法[①]

可能出现的卡滞、故障和排除方法如表4.2所示。

表4.2 可能出现的卡滞、故障和排除方法

卡滞名称、外观表现和辅助特征	可能的原因	排除方法
瞎火	底火故障	退弹
	基本发射药未完全装入稳定管内	更换炮弹
	击针凸出量不足	调整击针凸出量

---

① 2К21系统 82 mm 2Б9型自动迫击炮系统-技术说明书. М：武器装备，政策，转换. 2003. С. 213-216；Хандогин В. А. . Привалов С. Д, Назарян Г. А. 迫击炮：火箭部队和炮兵大学的教学参考书. Коломна, 2004. С. 149-151.

续表

卡滞名称、外观表现和辅助特征	可能的原因	排除方法
运动部分后坐超长（后坐标尺连续3~4次达到"停止"）	后坐标尺故障，其游标可以自由移动（不需人工加力）	松开并拧紧螺母，预先确保弹簧处于完好状态（游标应该人工用力可移动）
	其中一个复进弹簧断裂	更换断裂的弹簧
	复进弹簧大残余压缩变形	更换断裂的弹簧
短后坐（后坐不足）。后坐位移小（后坐不足）；后坐时运动部分未到达自动阻铁上的停止位置；在出现前述情况时，炮闩进入了弹夹最后一发弹筒或者炮闩卡在弹夹弹筒里阻止供弹	上活塞杆的压缩轴承调整损坏	调整上活塞杆的压缩轴承
	射击阵地地面较软；驻锄下的土壤没有加固	退弹，加固驻锄下的土壤
	射击阵地地面较硬；驻锄没撑在坑壁上	驻锄坑中填土并将其夯实
当松开发射杠杆或发射手轮时，运动部件没有停在自动阻铁上；后坐正常	冬季发射时，上杆挡块上积聚油脂	用小木棒刮除与自动阻铁接触的挡块表面油脂
弹夹供弹不到位；后坐正常；运动部分已经停在自动阻铁上，但弹夹的移动不到位；供弹螺母埋头超过2 mm	供弹机导轨很脏；未燃烧的发射药残渣存留在导轨凸轮下	退出迫击炮中弹药；用抹布清洁导轨，清除导轨凸轮附近未燃烧的发射药残渣
自动阻铁从上杆挡块下未脱离。压下发射杠杆，没有发射或自动射击停止；移动部件处于待发状态；发射保险器不能复位到"保险"位置	上杆挡块和自动阻铁的接触面没有润滑脂或存在划痕	取下自动机罩；将运动部分后拉到挡块处
		如果存在划痕，用研磨砂打磨后涂油，并在自动阻铁和上杆碰块接触面涂油
压下发射杠杆，没有发射或自动射击停止；移动部件处于待发状态；发射保险器不能复位到"保险"位置	带弹的弹夹供弹不到位	迫击炮重新装填；打开发射保险器，用弹夹向右拉供弹机滑板并松开（此时弹夹应移动一个弹筒）；关闭发射保险器并继续发射
迫击炮的轮毂过度发热（不能用手触摸）	轴承配合太紧或轴承损坏	调整轴承配合，或用座盘传动机构悬起车轮来更换轴承

习题

1. 简述 2K21 型迫击炮系统的用途和编配。
2. 简述主要的战术技术特点以及所用的炮弹。
3. 简述 3ВО1 型杀伤弹炸药说明。
4. 简述 2Б9 型迫击炮的弹药基数。
5. 简述 3ВО1 型迫击炮弹引信结构。
6. 简述 2Б9 型迫击炮各组件的用途和总体结构。
7. 简述身管和炮箱的用途和总体结构。
8. 简述自动机和机构的用途和总体结构。
9. 简述自动机各机构的相互作用。
10. 简述耳轴、盖和冷却系统的用途和总体结构。
11. 简述炮闩的用途和总体结构。
12. 简述供弹机的用途和总体结构。
13. 简述发射机的用途和总体结构。
14. 简述再装填装置的用途和总体结构。
15. 简述液压缓冲器的用途和总体结构。
16. 简述上架各机构的用途和总体结构及作用原理。
17. 简述高低机和方向机的用途和总体结构。
18. 简述瞄准镜平行四连杆机构的用途和总体结构。
19. 简述行驶装置各机构的用途和总体结构。
20. 简述座盘的用途和总体结构。
21. 简述 ПАМ-1 型光学瞄准镜系统各机构的用途和总体结构。
22. 简述直接瞄准镜的用途和总体结构。
23. 简述间接瞄准镜的用途和结构。
24. 简述 2Ф54 型运输车的用途和总体结构。
25. 简述 2K11 型迫击炮系统使用时的安全措施。
26. 简述可能出现的故障及排障方法。

第 5 章
火炮武器使用基础理论

5.1 武器和军事装备使用相关定义及包含的基本概念[①]

导弹-火炮武器是指按照俄罗斯陆军管理导弹-火炮武器供应、使用和修理的导弹-火炮武器总部命名的武器、导弹、弹药及军事技术器材。

武器包括以下内容：
① 火箭系统、防空导弹系统、反坦克导弹系统的地面装备；
② 火炮武器（牵引式和自行式火炮）；
③ 坦克武器、步兵战车、装甲输送车等；
④ 轻武器和火箭筒；
⑤ 无线电技术设备、无线电电子技术和无线电电子反制技术设备；
⑥ 移动式侦察和观察所以及影像实验室；
⑦ 火炮仪器；
⑧ 移动式维护修理设备；
⑨ 集成式通用训练器。

导弹包括火箭系统、发射器、战斗部、通用发射药头部以及配套件。

弹药包括火箭弹、炮弹、迫击炮弹和枪榴弹、手榴弹和火箭筒弹、轻武器弹、信号弹、模拟弹及配套件。

军事技术器材包括以下内容：
① 火炮武器和器材、修理区帐篷、高压氧气舱、空调设备、弹药驮具、专

---

① Руководство по эксплуатации ракетно‐артиллерийского вооружения. Часть I. М: Воениздат, 2012. С. 3. Аксенов и др. Эксплуатация реактивных и артиллерийских систем：Учебник. М．：Военное издательство МО СССР, 1973. С. 7-12.

用包装等；

② 教练设备；

③ 固定修理机构对导弹-火炮武器的修理设备；

④ 武器和弹药使用保障材料；

⑤ 备附具；

⑥ 使用、修理及其他文件资料。

使用是指武器寿命周期系列阶段的组合——投产与使用、在使用前按用途进行规定要求的调试、技术维护与修理、按用途使用、储存与运输。

导弹-火炮武器的技术维护是指维持和恢复武器工作性能而采取措施的统称。技术维护可防止武器系统、组件、零件过早磨损，并使其保持常备可用状态。

修理是查找并排除故障原因，恢复工作性能，以及部分或完全恢复武器技术服役期限等保障工作的统称。

技术上规范使用导弹-火炮武器是指遵守并运用保证导弹-火炮武器正常工作的标准、规范和条件等相关规定，从而实现战斗和训练目的。

运输是指利用不同交通工具运输导弹-火炮武器以及其自行移动所依据的使用规则。

储存是确保导弹-火炮武器在未被直接使用时期保持战备状态所采取的措施。其中，包括以下3种情况的储存：

① 火炮弹药被储存在无供暖的库房中。

② 火炮武器被储存在有供暖或无供暖的库房中。

③ 在没有足够的存放库房时，弹药和武器允许存放在露天场所和遮棚下，并按照《导弹-火炮武器使用指南》第二部分附录2的要求进行封存。

下面介绍军火储存和储备的总则。

① 储存库房应具备以下条件：消防安全；库房完好；可定期监测状态；可进行必要工作以保持导弹-火炮武器处于完好战备状态；便于导弹-火炮武器出入库。

② 武器存放期超3个月时，蓄电池（组）应按批次成套存放在单独的库房中。

③ 装在武器上以压力作用的容器按照使用文件要求的剩余压力储存。

④ 当武器被存放于露天场所时，需用帆布罩或其他常用材料覆盖在橡胶配件上，或涂上耐光涂层（ПЭ-37）。

⑤ 储存期受限的备附具、材料和器材，必须在保质期到期前拆检更新。

⑥ 武器所有的机构和组件应尽可能拆卸存放（如牵引车弹簧）。

⑦ 武器在库房储存时，应考虑它的结构特性按类别分批放置。

⑧ 火炮应关闩，从拨动子上释放击针。

⑨ 武器储存时，必须进行一级技术保养（储存期为一年以内）或二级技术保养（储存期为一年以上），并且开展必要的防腐蚀工作。

武器按照上级下达的命令储存。导弹-火炮武器停放储存文件形成后，该文件的一份副本将送至导弹-火炮武器军区部门。该文件中包含武器服役时间、行驶里程、资源消耗、样机完好性以及产品技术状态结论。

当火炮武器被储存在无供暖库房、遮棚下或露天场所时，会受到大气湿度和气温温差的影响。

为免受大气侵蚀，火炮武器可采用以下方法进行封存：

① 使用易挥发的防腐剂；
② 空气干燥统计法；
③ 使用综合方法。

5.2 导弹-火炮武器投入服役及人员使用导弹-火炮武器的许可程序[①]

5.2.1 导弹-火炮武器投入服役

将导弹-火炮武器投入使用需要一系列准备工作：军队对制造或维修后的导弹-火炮武器进行检查和接收；将其分配给下属单位和负责人。

导弹-火炮武器样机投入使用前的准备工作包括根据军队指挥的命令，任命委员会进行接收，并在其指导下开展准备工作（研究导弹-火炮武器样机、卸货、运输、装配等）。

该委员会必须包括导弹-火炮武器部门负责人和将获得该武器的负责人。

接收导弹-火炮武器是基于随同附件（发货单、提货单）和使用文件的。

导弹-火炮武器接收时，委员会必须检查以下事项：

① 铅封压痕的一致性，附件中所述的包装位置的数量和状况；
② 样机的成套性，有无备附具及放置正确性；
③ 有无润滑材料和专用液体及其质量；
④ 零件、装置、设备的状况及其涂漆和防腐涂层的质量；
⑤ 样机及其组件的技术状态；
⑥ 有无使用文件及其填写的完整性和正确性。

导弹-火炮武器接收完成后，委员会起草接收文件。

---

① Руководство по эксплуатации ракетно-артиллерийского вооружения. Часть I. М.: Воениздат. 2012. C. 6.

按上级命令确定，武器批量交付并投入使用。

在上级命令中应包括以下内容：

① 武器的名称和代号；

② 武器编入哪个分部，及武器生产工厂代号和类型；

③ 确定武器的负责人和炮班；

④ 装备投入服役当天前的消耗量（摩托小时、周期、工作时间、行驶公里数）。

通常由部队指挥官和下属指挥官在队列前的庄重气氛下交付武器。

集体运用武器由军队指挥官签发使用命令确定。导弹-火炮武器应在其到达部队后10天内投入使用。

在导弹-火炮武器样机使用命令传回前，禁止使用。

在接收导弹-火炮武器样机后，部门指挥官需要对该样机的技术状态、完好性、既定用途适用性以及遵守使用规则负责。

使用武器的军人必须检查该武器的技术状态和完好性，并向部门指挥官提交武器接收报告。

接收武器后，操作该武器的军人负责该武器的完好性、成套性，并遵守其使用规则。

当遇到使用武器（除轻武器外）的军人休假、出差、外出学习或治疗、离职等情况时，部队（部门）指挥官必须指定其他人负责武器使用。

新指定的人员必须检查武器的技术状态和成套性，并提交武器接收报告。

受命使用武器的军人指导炮班进行武器的准备和使用。

5.2.2　人员使用导弹-火炮武器的许可程序

只有学习过武器的资料、使用规则和安全措施并通过相应考查的人员方可被允许使用武器。每3个月组织一次考查。

根据军队指挥官的命令许可人员使用导弹-火炮武器。独立使用具体武器样机的人员由部门（炮兵连、连队）指挥官批准。

由上级命令确定在火炮仓库工作的人员及人数限制。

参与弹药相关工作的人员在仓库工作前应接受安全和防火措施的培训。

部门的安全措施教育要写进人员的安全措施教育学习日志。人员的安全措施教育学习日志由部门指挥官保管，在进行教育时发给个人。

兵团（或部队）负责武器的副指挥官或导弹-火炮武器部门的负责人制定安全教育频次。安全教育至少每三个月一次。如果涉及火箭及弹药方面的工作，那么在每次工作开始前都需进行安全教育。

排长（炮长）或承担相应工作的其他人员在开展工作时应接受安全措施教育和检查。

在使用期间违反使用规则或安全措施的军人，将被取消操炮工作。

通过部队委员会补考和实践技能检查后，被取消操炮的军人可重新准许上炮使用。

5.3 导弹-火炮武器样机的技术文件及火炮/迫击炮和火炮仪器履历书的填写

5.3.1 导弹-火炮武器样机的技术文件

随导弹-火炮武器样机附有下列技术（使用）文件：
① 技术说明书和使用指南；
② 技术维护指南；
③ 中修和大修指南；
④ 履历书（合格证）；
⑤ 备附具清单。
⑥ 炮班手册；
⑦ 产品成套清单。

5.3.2 火炮/迫击炮和火炮仪器履历书的填写

履历书（合格证）是证明导弹-火炮武器样机技术性能的重要文件。该履历书反映武器的技术状况，并包含使用和维修信息，随样机一起配发到样机使用部队。

履历书由使用导弹-火炮武器的部门指挥官填写。履历书应使用墨水笔书写并保证整洁审慎，不能有涂抹或改动。

在履历书中登记以下信息并以带纹章的印章证实：
① 导弹-火炮武器样机的变动和使用信息，标注使用部队番号和负责人姓名的命令；
② 关于编配的信息（标注命令号）；
③ 关于结构加工的信息（由加工者填写）；
④ 导弹-火炮武器样机计划技术维护的无故障工作时间统计；
⑤ 导弹-火炮武器样机运行中的故障统计（关于更换组件、操纵台、装配单元、零件的信息）；
⑥ 关于封存和启封的信息（标注相关命令）；
⑦ 关于延长使用超过规定期限或服役期限的武器信息（标注文件编号、日期、无故障工作数值、延期结束时间）；

⑧ 设备检查结果及压力容器检测局和动力监督检查局技术鉴定检测结果（登记人员有检测许可并用印章印记证实其结果）。

5.4 火炮武器技术维护的类型和目的及期限①

技术维护可确保武器和设备连续工作，防止武器零件、组件和装置过早磨损，并使其保持战备状态。

每种类型的武器和军事技术装备的技术维护范围由相应的制造厂规程以及武器和军事技术装备的技术维护指南确定。

禁止缩小技术维护工作范围和减少维护时间，因二者会导致维护质量受损。

表 5.1 为武器综合技术维护的统一体系。

表 5.1 武器综合技术维护的统一体系

统一体系中技术维护类型	与统一体系中技术维护相结合的维护类型	每类技术维护的目的	技术维护时机	检查者及指导性文件
目视检查	目视检查	在执行当前任务前，检查武器的技术状态，排除出现的故障	行军、教学训练（射击、发射、战斗工作）、运输之前、休息时、行军后和在执勤地时	炮班（全体成员）
日常技术维护	例行维护	准备好要使用的武器，排除出现的故障	武器使用（射击、发射、训练、教学）和运输后；如果未使用武器，则每两周至少维护一次	炮班（全体成员），使用维护文件
一级技术维护	一级技术维护	在下一次技术维护前，保持武器完好状态	在维护文件规定的无故障工作时间后，但至少每年维护一次	炮班（全体成员）与参与修理的部门和小组
			在提出武器（新的或大修武器除外）短期储存前，与以前无故障工作时间（时间间隔）无关	

---

① Виды, цели и сроки техническою обслуживания вооружения. https://cyberПЭdia.su/15xfe92.html.

续表

统一体系中技术维护类型	与统一体系中技术维护相结合的维护类型	每类技术维护的目的	技术维护时机	检查者及指导性文件
二级技术维护	二级技术维护	在下一次技术维护前，保持武器完好状态	在维护文件规定的无故障工作时间后，至少每两年维护一次；对于火炮技术装备，至少每三年维护一次；对于射击武器，至少每五年维护一次。在提出武器（新的或大修武器除外）长期贮存前，与以前无故障工作时间（时间间隔）无关	修理部门，炮班（全体成员），使用维护文件
季节性维护	季节性维护	为秋冬季或春夏季武器使用作准备	每年维护两次，期限由各军区（集团部队）司令员确定	炮班（全体成员），修理部门

注：在引入综合技术维护统一体系之前进行的技术维护类型如第 2 列所示。

5.5　火炮技术装备维护时所用材料[①]

武器和军事技术装备所有样机都有备附具的消耗标准和材料年度发放标准。部队使用材料的保障程序和材料消耗标准由以下文件确定：

① 1992 年俄联邦国防部（МОРФ）第 65 号命令。
② 1992 年第 65 号命令的第 1、2 和 3 号附录。

导弹-火炮武器在使用和修理过程中，燃油、润滑油、润滑脂和专用液的消耗标准，主用及备用的燃油、润滑油、润滑脂和专用液的牌号表格，导弹-火炮武器的油箱容积、系统、装置和组件的表格——均载于俄联邦国防部（МОРФ）第 65 号命令附录 1 第一册（第一部分）。

导弹-火炮武器在使用过程中，允许使用有合格证或保证储存期没有过期的证明书的材料。

---

① Руководство по эксплуатации ракетно‑артиллерийского вооружения. Часть I. М.：Воениздат，2012. C. 161. 226.

在损坏的或打开包装的没有合格证或证明书的材料,以及超过储存期的材料,在使用前由实验室按照相应的国家标准(ГОСТ)或技术规范(ТУ)规定的技术要求进行检查。

使用材料包括火炮用腻子和胶、导弹-火炮武器用润滑脂、火炮装备用润滑油和工作液、武器封存用材料、火炮专用液和专用成分,详见表5.2~表5.6。

表5.2 火炮用腻子和胶

名称	备注
腻子 У-20А	非干性物质,用于密封车体、座舱、雷达站和地面装置设备的裂缝和开口(小于5 mm)
腻子 ЗЗК-ЗУ	非干性耐湿物质,深棕色;在没有У-20А的情况下使用
合成环氧树脂胶 ЭД-5(АД-6)	由木材、玻璃钢、瓷器、陶瓷、塑料混合制成;硬化温度为15~20 ℃,固化时间为6~24 h
胶 ХВК-2А	见武器封存用材料
胶 88(88-H)	见武器封存用材料
胶 БФ-4	由夹布胶木、胶纸板、氨基塑料、木材、织物、皮革、陶器、金属,任意混合制成
密封胶 51-Г-7	用于产品封存期间的密封;工作温度范围为-50~900 ℃;用来替代腻子ЗЗК-ЗУ

表5.3 导弹-火炮武器用润滑脂

名称	应用和工作温度范围	颜色
润滑脂 МЗ	替代润滑脂ГОИ-54П润滑导弹-火炮武器,黄油工作温度±50 ℃。	棕色
润滑脂 ГОИ-54П	导弹-火炮武器润滑和防腐用;可以替代МЗ(工作温度范围-40~50 ℃)	浅黄色至深棕色
润滑脂 ЦИАТИМ-205	用于润滑低负荷高速度装置(工作温度范围-80~60 ℃)	淡奶油色
润滑脂 ОКБ-122-7	仪表油脂(工作温度范围80~120 ℃),最低工作温度为70 ℃	浅黄色
固体润滑脂"С"	用于润滑摩擦机构、轴承、铰接和其他装配体(工作温度范围-30~75 ℃)	浅黄色至深棕色

续表

名称	应用和工作温度范围	颜色
石墨润滑脂 УС-А	用于润滑开式齿轮、链传动、弹簧和其他重载摩擦装置（工作温度高达 65 ℃）	深棕色至黑色
军用润滑脂	用于润滑皮革制品	黄色至棕色
泵用润滑脂	用于润滑气动液压泵（工作温度范围 -40~140 ℃）	深灰色至黑色
润滑脂 ВНИИНП 232	用于润滑衬管、炮尾和炮口制动器螺纹	暗色
钢丝绳用润滑脂	用于润滑钢绳	
润滑脂 РЖ	用于润滑枪械	深棕色
润滑脂 КРМ	用于润滑轻武器（工作温度范围 -50~50 ℃）	无色

表 5.4　火炮装备用润滑油和工作液

名称	应用和工作温度范围	颜色
液压油 АУП	为液压机构充油	浅棕色
单一液压油 МГЕ-10А	为液压驱动装置和其他装置的作动筒充油（工作温度范围 -50~90 ℃）	黄色
锭子油 АУ	为高负荷运行的设备（滑动轴承、齿轮减速器）充油	黄色至浅棕色
液压油 ВМГЗ	为液压机构充油（工作温度范围 -45~50 ℃）	黄色
润滑油 ГМ-50И	为液压传动组件充油；可以替代 МГЕ-10А（工作温度范围 -50~70 ℃）	浅棕色
"Стеол-М"	为火炮武器反后坐装置和其他的液压与液压气动装置充油	黄绿色
ПОЖ 70	为火炮反后坐装置充油（工作温度范围 -50~90 ℃）	无色
变压器油	为变压器和其他高压设备充油	深黄色

表 5.5　武器封存用材料

名称	应用
润滑脂 МЗ（ГОИ-54П）	封存前，用于润滑装置和组件
润滑脂 ПВК	用于存放一年以上武器的外部油封

续表

名称	应用
变压器油	用于油封液压系统
磷化底漆 ВЛ-02，ВЛ-023	用于露天场地训练时所有未涂漆零件，包括氧化部分（炮身、轴承、瞄准装置、内部零件等除外）
尿素亚硝酸盐纸"УНИ"-22-60	用于火炮炮膛、轻武器以及备附具封存
邮票用纸 МБГИ-8-40	用于封存含有大量有色金属及其混合物的产品
石蜡纸"БП-3-35"	用于封存钝化纸
聚氯乙烯薄膜 B-118	用于在无暖库房中储存武器时封存组件
织物"500"	用于在露天场所储存武器时封存组件
硫酸纸	用于封存备附具的单个零件
胶 88-H	用于粘合织物"500"；用于将其粘到金属及木质表面
胶 ХВК-2А	用于粘薄膜 B-118
胶 БФ-4	用于粘石蜡纸，并将其粘于金属上
带胶粘层的聚乙烯薄膜	用于粘石蜡纸，并将其粘于金属上

表 5.6 火炮专用液和专用成分

名称	成分	应用
溶液 РСЧ	① 碳酸铵——200 g/L ② 碳酸氢钾（重铬酸钾）——5~10 g/L ③ 水——1 L	用于清洁火炮身管内膛；储存期为5~7天（使用温度范围-10~50 ℃）
冷冻液 牌号"40" ГОСТ 159-52	① 乙二醇——53% ② 水——47% ③ 磷酸二钠——2.5~3.5 g/L ④ Decorin-1——1.1 g/L	用于冷却内燃机（使用温度范围-40~95 ℃）
自动硫化防水涂料 СПО-46	① 溶液"A"——100 g，10%的橡胶混合在甲苯中的溶液 ② 溶液"B"——10 cm³（纯地蜡溶液"Б"和乙酸乙酯中的硫化橡胶溶液）	适合在 10~12 h 内使用；使用温度范围-50~120 ℃
耐光臭氧涂料 ПЭ-37		用于橡胶制品（РТИ）免受光臭氧老化的防护

注：当温度低于-10 ℃时，用拖拉机用煤油替代溶液 РСЧ。

5.6　火炮装备使用安全措施

使用武器时，为保障武器完好性并防止出现伤人事故，必须遵守使用安全措施的规则。

各级指挥员（长官）、炮班人员以及其他参与武器使用和修理的有关人员必须严格遵守安全要求。

使用安全措施总则：

① 只有掌握火炮结构及使用规则的人员才允许操作火炮。

② 开展作业时，仅使用完好的（标准）设备、工具和工装，并严格按其用途使用。

③ 使用电压电路工作时，使用带绝缘手柄的工具。

④ 在大容量的存储电容器放电后，关闭电源的情况下才可进行高电压（超过 500 V）装置的修理工作。

禁止以下行为：

① 进行任何使用说明中未规定的工作。

② 当炮弹（迫击炮弹）处于炮身（身管）中时进行火炮和迫击炮的技术维护和修理，或者当导弹（炮弹）在定向器或发射箱上时进行反坦克导弹和多管火箭炮战车的技术维护和修理。

③ 在技术维护时使用乙基汽油。

④ 使用实弹、导弹来训练炮班（士兵成员）。

在使用迫击炮或火炮战斗作业时，必须严格遵守以下安全措施要求：

① 当赋予炮身高低射角时，禁止位于火炮后坐通道区域内。

② 火炮装填时，特别是在大射角射击时，应使用供弹机将弹输入炮膛。

③ 射击时，炮班人员不应处于炮身后坐附近和抛筒区域。

④ 在密集射击后，反后坐装置冷却前，禁止拧出驻退机注液塞。

⑤ 在使用装有电子无线电设备和电力装置的武器时，使用说明书和服务指南对相应武器类型及代号的其他安全要求都作出了规定。

安全要求由工作或训练负责人（排长）亲自传达给部下。传达结果登记在"安全要求教育培训记录日志"中。

习题

1. 简述"导弹-火炮武器""武器"的概念定义。
2. 简述火炮武器"使用""运输""储存"的概念定义。

3. 简述"技术维护""修理"的概念定义。
4. 简述军火储存和储备总则。
5. 简述导弹-火炮武器投入服役。
6. 简述人员使用导弹-火炮武器的许可程序。
7. 简述火炮/迫击炮仪器履历书的填写。
8. 简述火炮武器技术维护的类型和目的及期限。
9. 简述导弹-火炮武器维护所用的材料类型。
10. 简述导弹-火炮武器用润滑脂。
11. 简述火炮装备用润滑油和工作液。
12. 简述火炮装备使用安全措施。

附　　录

附录1　迫击炮武器的发展前景

1. 现代战争中火炮的作战使用特点

当今世界对于使用武装力量的观点有了重大转变。区域冲突逐渐成为过去，政治、经济和军事问题往往可在意识同盟和第三国领域上得到解决。国家虽已不存在敌对，而恐怖组织广泛制造冲突致使局势不稳[①]。

军事冲突在很大程度上有着非接触性，其主要任务通常由空天军和海军执行。

现代武装冲突可分为"传统战争"和"混合战争"。

在"传统战争"发生的过程中，存在以下的战争形式：

① 击溃敌方的武装部队；

② 毁灭其经济潜能；

③ 夺取并控制反抗国领土。

在"混合战争"发生的过程中，存在以下的战争形式：

① 特别行动部队（CCO）和反对派武装的秘密部署；

② 剥夺敌对国家的实际主权；

③ 建立对敌对国家全面的信息、政治和经济控制；

④ 形成信息真实且一方执行了正义行动的国际社会舆论；

⑤ 制造没有战争的假象。

"传统战争"中采取军事手段，伤亡的大多是正规军队；"混合战争"中使用非武力性手段（政治、外交、经济、信息等），死亡的是平民。

在战争进程中，经济发达国家选择对敌方军事影响最小的方法来实现政治目的，即破坏军事经济潜能、瓦解敌方内部、信息-心理战、游击式和破坏式的作战方法。

---

① Материалы военно-научной конференции Академии военных наук совместно с руководящим составом Вооруженных сил РФ и ведущими учеными военной организации Российской Федерации. 24.03.2018 г.

经济发达国家在代表其"民族"利益的国家民众中煽动不满情绪，向其施加政治、信息和心理压力。为此，他们暗中部署特种行动部队（CCO）和反对派武装，开展破坏行动和网络攻击。

在当代背景下，集结部队的形式有以下几种：

① 人道主义行动；
② 使用高精度武器进行打击；
③ 空军团行动；
④ 在统一时标内开展侦察-打击行动；
⑤ 炮兵团行动；
⑥ 信息行动。

以上形式涉及战术空降兵的战斗、海军行动、特别行动部队和特战部队行动。

这些形式均是典型的特种行动，采取集结部队（兵力）行动或展开战斗的形式。

在最后阶段，军事冲突以使用机动的、有限的集结部队（兵力）为特点。由空降兵、海军陆战队和特战部队的分队完成主要任务。

阿拉伯叙利亚共和国的作战行动经验表明，综合兵团在现代军事冲突中发挥着重要作用。这些团体是以当地资源和民族宗教信仰为基础组织形成的非正规部队和民兵部队，能够在特别行动部队与其他国家的私营军事公司的支持和指导下形成更大的阵容，能够吸引武装部队、外国海军、空天军、军队（兵力）、政府与非政府组织在统一的信息情报系统中执行战略（作战）任务。

这种综合兵团在阿拉伯叙利亚共和国苏赫尔·塞尔曼·哈桑将军的领导下，使用特种作战技术，在伤亡很少的情况下取得成功。

部分战略任务由战术分队——营级战术小组执行。许多战斗任务是在无法使用火炮的人口稠密城市地区进行。

炮兵部队及其分队为诸兵种合成部队的行动提供火力支援。大多数俄罗斯以外国家的军队都有配备 155 mm 口径自行式和牵引式火炮系统的炮兵部队和编队。俄罗斯军队主要配备 152 mm 口径的火炮。

并非所有该口径的火炮都能在难以进入的地区使用，亦或通过空运或海运进行远距离运输。通常一个空中机动战斗单元的质量不得超过 10 t。在这种条件下，许多任务只能由迫击炮来完成。迫击炮质量轻（迫击炮质量是同口径火炮的 1/10~1/20），生产和操作简单，可靠性高，并且具有曲射弹道。

迫击炮是近程火炮，用于在战场上直接支援步兵。在现代条件下，它们常常是诸兵种合成部队指挥官的唯一火器。

研发高精度迫击炮弹是改进迫击炮武器最主要的方向之一。就其效能而言，高精度迫击炮弹非常接近反坦克导弹系统。反坦克导弹的成本要比改进迫击炮弹（如制导迫击炮弹"格兰"）高出几倍。这极有可能是奠定120 mm口径迫击炮为迫击炮武器的基础。

在反坦克导弹系统不断改进、导弹逐渐标准化的同时，其价格大幅降低，而且出现了察打交互式的新型手段。随着无人机的广泛使用，这些设备也在进行改进，并开发出了新的自动化迫击炮系统（箱式）。

迫击炮武器在该方面的改进是非常有前景的，因为使用精确制导武器使得任务执行时间（摧毁物体、目标）减少到1/1.5~1/2，而射击准确度却提高到2倍。

2. 火炮（迫击炮）连自动化射击指挥系统[①]

目前，俄罗斯军队开发了火炮（迫击炮）连自动化射击指挥系统，其中就有自动化射击指挥系统（83т888-1.7）。该系统用于火炮（迫击炮）连在目标侦察打击环节实现过程自动化。

该系统实现了自动解算火炮（迫击炮）连指挥的典型任务，即充分准备射击诸元，解算不同射击目标的修正值，显示任务解算结果及信息，接收处理并形成作战指令、部署和报告。该指挥系统实现了电子地形图的可视化和运动导航。

83т888-1.7由两套供连长和火炮（迫击炮）连参谋长用的穿戴式程控技术系统、与连内火炮数量相匹配的4~8套炮长使用的设备组成。

连长与连参谋长的综合设备之间的信息交互可以通过有线（距离达2km）或无线通信[②]来实现。

此外，该设备还可为火炮前观射击修正手提供全套技术设备，包括全套穿戴式火炮设备、短波和超短波无线电台、激光侦察仪器（测距仪）。

使用该设备可以使完成火炮射击任务的时间缩短到1/3，对敌人造成的伤害增加2倍，弹药消耗量降低到15%，展开时间为15 min，对非计划目标的射击准备时间为35 s，对非计划目标的装定解算时间为5 s，目标探测范围不小于4 000 m，坐标定位精度不小于10.78 m。

迫击炮武器发展的另一个方向是通过引入现代瞄准和修正装置来提高精度。西方国家已经开发了81 mm和120 mm口径的制导迫击炮弹。此类炮弹配备了各种自动导引头（红外型、半主动激光型、雷达型）和聚能装药战斗部。

众所周知，迫击炮弹有相当高的飞行弹道，如英国（"莫林"）、德国（"巴萨德"）和瑞典（"斯特勒克斯"）的迫击炮弹，可以从上方击中装甲体（这些装

[①] Коротченко И. https://i-korotchenko.livejournal.com/1014136.html；Оружие России. http：www.arms-expo.ru armament/samples/1091/88483/.

[②] https://ru-artillery.livejournal.com/338848.html.

备顶部防护较薄弱）。

通过使用具有预制和半预制破片的弹药，并为其配备非接触引信，确保迫击炮在目标上方的最佳高度上爆炸，可大大增加迫击炮弹对目标的作用效果。目前，美国、希腊、西班牙、法国、南非、以色列等国家装备有聚能杀伤破片元的子母弹式迫击炮弹。

在俄罗斯军队中，迫击炮的潜力发展方向是开发基于装甲车底盘的 120 mm 自行迫击炮。该自行火炮的迫击炮安装在回转式装甲炮塔中，从炮尾部装填。可将轻型卡车、轮式和履带式装甲车作为开发基础，因为这些战车通常都配备有自动装填装置、弹道计算机、导航设备，以及防有毒物质和放射性物质污染的系统。

应当指出，除了自动化射击指挥系统的应用外，实际上所有炮兵营都使用由 8 辆标准战车组成的射击指挥系统（1В12 型、1В12-1 型等）。这大大提高了炮兵部队的作战使用效能（见附录 4）。

3. 迫击炮系统的现代样机

2Б24 型 82 mm 口径的迫击炮是安装在 МТ-ЛБ 型底盘上的俄罗斯 2К32 型自行迫击炮系统——"Дева"的组成部分。该系统供山地和空降突击旅、海军陆战队和空降部队使用。与迫击炮"托盘"不同的是，它有一个圆形的发射座盘，射程比前者远 1.5 倍（6 000 m），能够使用新型威力更大的弹药。该系统迫击炮弹药基数为 84 发迫击炮弹。除主武器以外，它还配备 7.62 mm 口径的卡式机枪或 1×12.7 mm 口径的机枪[①]。

另一设计是在 PM-500 型 6×4 摩托化越野车底盘上的 2Б24 型 82 mm 迫击炮。这种集成使其能够在陌生地域从行军状态快速展开，快速变换阵地，并将迫击炮炮班或分队调集到另一个方向。

由于能在装配状态下运输迫击炮，因此大大缩短了进入战斗状态的转换时间。迫击炮可以作为独立的火力单元，也可以作为特种部队或空降部队的排（连）火力。2Б24 型迫击炮的战斗全质量为 900 kg，移动速度为 80 km/h，射速为 20 发/min，携行弹药 40 发[①]。

俄罗斯在 2011 年开发了 2Б25 型 82 mm 口径的迫击炮——"Галл"，这是一种无声便携式迫击炮。

这种迫击炮依照经典的"假想"三角形设计。使用击发机杆赋予迫击炮弹飞行方向。

2Б25 型迫击炮的优势在于能够隐蔽地、出其不意地开火。该迫击炮几乎无声，发射时不产生火焰或烟雾。

---

① Вооружённые силы России и мира. http://oruzhie.info/artillerya/723-2k32-deva.

该型迫击炮可用固定在装备上的背带短距离携行。其体积和质量小，可以由一名炮班成员携带，最大射程为 1 200 m，质量为 13 kg，射速为 15 发/min，炮班成员为 2 人①。

在迫击炮"Галл"的基础之上，俄罗斯正在研制轻型 60 mm 迫击炮，质量为 18 kg，射程为 4 000 m。

应俄罗斯国防部的要求，俄罗斯装备研制部门在过去的几年中研发了炮塔型的 2C41 型自行迫击炮——"Дрок"②。

"Дрок"的设计基于可分解驮载式 82 mm 迫击炮。82 mm 后装填迫击炮用手动装填，保证在 100~6 000 m 射程上射击。迫击炮射速可达 12 发/min（无复瞄），弹药基数为 40 发迫击炮弹③。

2C41 型自行迫击炮的质量为 14 t，炮班成员为 4 人。

装备迫击炮"Дрок"的迫击炮分队配备与侦察手段和其他打击手段相结合的火控自动化设备。

俄罗斯装备研制部门正在为空降部队迫击炮分队研发 M3-204 型机器人迫击炮系统——"Горец"。该迫击炮可安装在虎式装甲车、"台风-K"底盘上或输送机"拉库什卡"上④。它不仅可以发射常规迫击炮弹，还可以发射高精度激光制导弹药。数据准备和发射过程都是机器人操作。

"Горец"是基于迫击炮系统"滑雪撬"研发的。迫击炮本身位于安有专用炮架的装甲车尾部。机载电子计算机计算弹道和射击气象条件的修正值，将收到的目标坐标转化为射击装定值，并按炮目角和方位角（定向角）实现迫击炮自动瞄准。

进行战斗行动时，迫击炮炮班位于装甲舱内。装填由驾驶舱通过专用孔完成，每发射击后迫击炮都会调炮对准该孔。必要时，迫击炮可以分解，以便携方式使用。

附录 2　炸药标记和炸药代号以及火药代号⑤

下面介绍炸药标记和炸药代号（表附 2.1）以及火药代号（表附 2.2）。

---

① Военное обозрение. https://topwar.ru/147500-minomet-2b25-gall-bez-shuma-i-vspy.shki.html.
② vestnik-rm.ru，фото А. В. Карпенко АРМИЯ-17.
③ Военное обозрение. https://topwar.ru/123739-proekt-samohodnogo-minometa-2s4l-drok.html.
④ news5/news_903_Gorets_M3-204.htm.
⑤ Составлено по: Дерябин П. Н., Краснов М. Н., Ганин А. А. Индексация и маркировка боеприпасов артиллерии: Учебное пособие. -3-е изд., перераб. и доп. -Пенза: ПАИИ. 2004. -45 с 2004.

Т——梯恩梯（三硝基甲苯——TNT）。

Тетр——三硝基苯甲硝胺。

Г——黑索今。

ТГ-20、ТГ-40、ТГ-50——TNT 与黑索今的混合物（分别为 20%、40%、50%的三硝基苯和 80%、60%、50%的黑索今）。

ТГА-16——TNT、黑索今和铝粉的混合物（60%的三硝基甲苯、24%的黑索今和 16%的铝粉）。

ТГАГ-5——由 60%的 TNT、24%的黑索今和 16%的铝粉混合而成，再加超过 100%之外 5%的氯化萘（稳定剂）。

ТГАФ-5——由 60%的 TNT、24%的黑索今和 16%的铝粉混合而成，但采用另一种稳定剂。

ТА-16——TNT 与 16%的铝粉（特里托纳尔）。

ТА-80——TNT 与铝粉 80/20。

ТД——TNT 与二硝基萘。

ТДУ——带有烟火强化剂的 TNT。

К-2——TNT（80%）与二硝基萘（20%）的混合物。

К-2-90——TNT（90%）和二硝基萘（10%）的混合物。

К-2-70——TNT（70%）和二硝基萘（30%）的混合物。

ТН——减敏的太恩炸药（5%~10%的稳定剂）。

А-ИХ-1——黑索今（94%~95%）与稳定剂（5%~6%）的混合物。

А-ИХ-2——减敏黑索今（80%）与氧化铝粉末（20%）的混合物。

А-ИХ-10、А-ИХ-20——减敏黑索今（80%）与氧化铝粉末（20%）的混合物，但用奥克托今作为稳定剂。

Окфол——减敏的环四甲基四硝胺（稳定剂 5%）。

ОкТЭл——环四甲基四硝胺与 TNT 的混合物（20%~40%的 TNT、60%~80%的环四甲基四硝胺）。

Гекфал——80%的 А-ИХ-И 与 20%的铝粉。

Гекфол——95%的 А-ИХ-И 与 5%的稳定剂奥克托今。

ОМА——环四甲基四硝胺（97.5%）、聚丙烯酸甲酯（聚合胶）（1.2%）、奥克托今（0.8%）、石墨和丙酮不溶性杂质（0.5%）。

Окфол-3.5——带有红色染料的环四甲基四硝胺（96.5%）与奥克托今（3.5%）的混合物。

МС——碱水混合物（TNT19%、黑索今 57.6%、铝粉 17%、稳定剂 6.4%）。

А-40——阿马托炸药（60%的TNT、40%的硝酸铵）。

А-80——阿马托炸药（20%的TNT、80%的硝酸铵）。

АТ-40——以TNT为填料的阿马托炸药（60%的TNT、40%的硝酸铵）。

АТФ-40——带经表面活性剂处理的TNT成套筒的阿马托炸药。

Ш——矿山炸药-二硝基萘和硝酸铵的混合物（12%的二硝基萘、88%的硝酸铵）。

ШТ——以TNT为填料的矿山炸药。

ГНДС——六硝基二苯基硫酸盐（$C_{12}H_4K_{68}O_{12}$）。

НТФА——非硝基三苯胺（$C_{18}H_6N_{40}O_{18}$）。

Н——硝基炸药。

Б——硝基乙胺。

М——甲基三硝基乙二胺。

О——三硝基丁酸三硝基酯。

К——亚甲基二硝基乙基醚。

ТЭКАФ——18%的TNT、60%的环四甲基四硝胺、17%的铝粉、5%的纯地蜡。

ТЭК-20——20%的TNT、80%的环四甲基四硝胺。

ТЭН——14%的TNT、42%的物质"О"（三硝基丁酸三硝基酯）、44%的物质"Н"（硝基乙胺）。

ТЭН-3——50%的ТЭН、50%的物质"Н"（硝基乙胺）。

НФ3-1——97%的物质"Н"（硝基乙胺）、3%的奥克托今。

НФ5-1——95%的物质"Н"（硝基乙胺）、5%的奥克托今。

Окгол 77/23——77%的环四甲基四硝胺、23%的TNT。

Циклотон 75/25——75%的黑索今、25%的TNT。

А-3——91%的黑索今、9%的蜡。

N-5——TNT（60%）、黑索今（24%）、铝（16%），再加超过100%之外5%的稳定剂。

ТЭ——TNT（50%）、亚乙基二硝铵（50%）。

ТТ-50——彭托利特（50%PETN和50%TNT）。

Л——TNT（95%）和二甲苯基（5%）的混合物。

ГТТ——由黑索今（75%）、TNT（12.5%）和四硝基苯甲胺（12.5%）混合制成。

ПВВ4——塑性4号［80%的黑索今、20%的胶（聚异丁烯）］。

ПВВ7——塑性7号（73%的黑索今、17%的铝、10%的胶）。

表附 2.1　炸药代号[①]

代号	名称	组成成分
单组分炸药		
T	三硝基甲苯（TNT）	$C_6H_2(NO_2)_3CH_3$
Тетр	三硝基苯甲硝胺	$C_6H_2(NO_2)_3NNO_2CH_3$
TH	太恩	$C(CH_2ONO_2)_4$
Г	黑索今	$(CH_2N-NO_2)_3$
混合炸药		
a) 以单组分炸药为载体的		
ТГ-20、ТГ-70	三硝基甲苯与黑索今的混合物	TNT（20%~70%）+黑索今
ТТ	50-彭托利特炸药	TNT+太恩
ТП-50、ТП-60	TNT 与二硝基萘的混合物	TNT（50%~60%）+二硝基萘
ЭДНАТЭЛ	TNT 和亚乙基二硝胺的混合物	TNT+亚乙基二硝胺
ГТТ	黑索今、TNT 与三硝基苯甲硝胺的混合物	黑索今+TNT+四硝基苯甲胺
ТДУ	带烟火强化剂的 TNT	
ОКТЭЛ	TNT 与环四甲基四硝胺的混合物	TNT+环四甲基四硝胺
b) 减敏的		
А-ИХ-1	减敏的黑索今	黑索今+纯地蜡+三硬脂酸甘油酯熔合物（5%）
ГЕКФОЛ-5	减敏的黑索今	黑索今+奥克托今（5%）
TH	减敏的太恩	太恩+石蜡
ОКФОЛ	减敏的环四甲基四硝胺	环四甲撑四硝铵+稳定剂（2%~2.5%）
c) 含金属的		
А-ИХ-2	带铝粉的减敏黑索今	黑索今+稳定剂+铝

[①] *Киселев В. В.*，*Кириченко А. А.*，*Калиш С. В.*，*Таранов С. В.* Боеприпасы наземной артиллерии：Учебное пособие. Волгоград：Волгоградский государственный аграрный университет，2014. C. 9, 10.

续表

代号	名称	组成成分
ТГАГ-5	含金属的混合物	TNT+黑索今+铝+氯化萘
ТГАФ	含金属的混合物	TNT+黑索今+铝+稳定剂
ТГА	含金属的混合物	TNT+黑索今+铝
ТА	含金属的混合物	TNT+铝
МС	碱水混合物	TNT+胶+铝+稳定剂
d）塑性的		
ПВВ-4	塑性4号	黑索今+胶
ПВВ-7	塑性7号	黑索今+胶+铝
e）硝铵的		
А-40、А-90	阿马托炸药	硝酸铵（40%~90%）+TNT
Ш	矿山炸药	硝酸铵+二硝基萘
АТ-40、АТ-90	以TNT为填料的阿马托炸药	阿马托炸药（40%~90%）+TNT粉末

表附2.2　火药代号[①]

	约定代号	火药特点
火药性质	-	硝化棉火药
	НГ	不含矿脂的硝化甘油火药
	НБ	巴利斯太（Ballistite）火药
	НЦ	含大量硝化纤维素的硝化甘油火药
	НФ	含大量邻苯二甲酸二丁酯的硝化甘油火药
	Н、НТ	含二硝基甲苯的硝化甘油火药
	НДТ	含邻苯二甲酸二丁酯和二硝基甲苯的硝化甘油火药
	ДГ	硝化甘油火药
	ДГТ	含二硝基甲苯的硝化甘油火药
	Д	含邻苯二甲酸二丁酯的火药

---

① Киселев В. В., Кириченко А. А., Калиш С. В., Таранов С. В. БоеПриПасы наземной артиллерии： Учебное Пособие. Волгоград：Волгоградский государственный аграрный университет, 2014. C. 5.

续表

	约定代号	火药特点
火药标记	ВЛ	步枪轻型子弹用火药
	ВТ	步枪重型子弹用火药
	Р	转轮手枪用火药
	Х	空包发射火药
	ВТМ	迫击炮用火药
	КМ	迫击炮用硝化甘油火药
	ЦПП	含杂质火药，其中杂质使火焰具有某种颜色
	П-45 П-85	多孔火药（数字表示重硝化棉中钾硝石所占百分比）
	ВТХ-10	添加10%聚氯乙烯的步枪重弹
	КС-3	热值为3型氮氧烷火药
	РСИ	添加铅和石灰的火箭火药
	НДСИ	添加铅和石灰的硝化甘油火药
生产方法 （制备条件）	УФ	加速生产
	СФ	浓缩生产
	ВВ	战时生产火药
	ОД	特供火药
关于火药的 制备信息	5/78К	批次、生产年份、工厂代号

附录3 2Б14型迫击炮备附具中带插图的工具清单

表附3.1为2Б14型迫击炮备附具中带插图的工具清单，工具简图列于表后。

表附3.1 2Б14型迫击炮备附具中带插图的工具清单

工具	用途	简图
扳手2Б14-1.05.1 СП	用于从减速箱拧出（拧入）螺纹衬套	1号
扳手2Б14-1.05.3	用于拧出（拧入）小块	2号

续表

工具	用途	简图
扳手 7811-0317 ГОСТ16984-79	用于外壳与缓冲机本体分离时拧开螺母	3 号
扳手 2Б14-1.05.1	用于将高低机管拧入减速箱体	4 号
冲子 2Б14-1.04.1	用于敲出柱销;用于方向机与方向架分离;分解水平调整器和缓冲机本体	5 号
铁棒 2Б14-1.04.3	用于拧开(拧上)炮尾	6 号
螺丝刀 7810-0308 ГОСТ17199-71	用于转动牵引杆;用于拧开螺钉;分离炮箍手柄、缓冲机体螺母、水平调整器;用于分解减速箱	7 号
平嘴钳 7814 0092 ГОСТ5547-75	用于拔出开口销;从双脚架上分离水平调整器时、分解保险器时、解开双脚炮架立柱叉形件中的螺钉时、将箍环从凹槽中分离时	8 号
扳手 7811-0023	用于从高低机体上分离支柱、从方向架上分离缓冲机	9 号
扳手 7811-0043	用于将减速箱体拧在身管上	10 号
螺丝刀 2Б14-1.06.1	用于拧出(拧入)高低机的限位螺钉	11 号
Д-1 型安装扳手 53-И-029	用于装定 T-1 和 ОМ-82 型定时信管	12 号
6 号扳手 53-ИР-300	用于拧入 ОМ-82 型定时信管	13 号
3 号扳手 53-И-85	用于拧入 T-1 型定时信管	14 号
14 号扳手 ZИ17	用于拧入 М-6 型引信	15 号
2 号扳手 ZИ15	用于拧入 М-5 型引信	16 号
组合扳手 СБ 54-1 52-ИМП-832	用于拧出(拧入)保险器螺母和挡弹板	17 号
锤子 7850-0103 ГОСТ 2310-77	用于拧开(拧上)炮尾,组合(分解)装配体	18 号
量规 2814-1.04.50	用于检查击针突出量(沉入量)	19 号

火炮武器：迫击炮

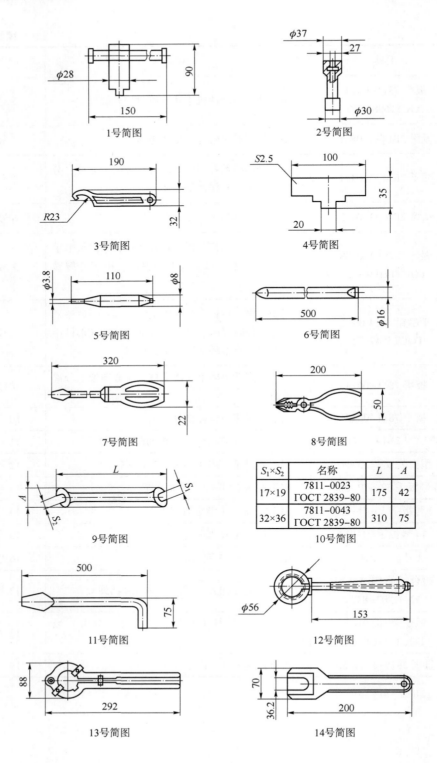

1号简图　2号简图　3号简图　4号简图　5号简图　6号简图　7号简图　8号简图　9号简图　10号简图　11号简图　12号简图　13号简图　14号简图

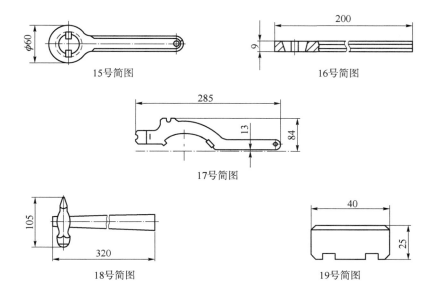

附录 4 1B12 型射击指挥系统[①]

1B12 型射击指挥系统在 20 世纪 60 年代末到 20 世纪 70 年代初与相应的自行榴弹炮、加农炮和迫击炮武器同期研发，于 1973 年投入使用。

1B12、1B12-1、1B12M、1B12M-1 型射击指挥系统（取决于火炮系统的类型）的组成包括均基于 МТ-ЛБУ 而发展的 1B13、1B14、1B15、1B16 等不同型号射击指挥车，其差异在于设备组成不同。不同型号指挥车的战术技术性能如表附 4.1 所示。

该系统可用于侦察、地形测量和射击气象准备，保障炮兵营属连、排射击指挥。

表附 4.1 不同型号指挥车的战术技术性能

序号	性能	单位	指挥车型号			
			1B13	1B14	1B15	1B16
1	乘员	人	5	6	6	7
2	底盘		МТ-ЛБ	МТ-ЛБ	МТ-ЛБ	МТ-ЛБ
3	ЯМЗ-238V 型发动机	HP[②]	240	240	240	240
4	最大速度	km/h	61	61	61	61

---

① Комплекс средств автоматизации управления огнем 1В12Комплексы. http://cris9.armforc.ru/rva_lvl2.htm.

② 1 HP = 735.5 W。

续表

序号	性能	单位	指挥车型号			
			1B13	1B14	1B15	1B16
5	行驶速度	km/h	5~8	5~8	5~8	5~8
6	战斗全质量	kg	15 000	15 200	15 200	15 500
7	装甲厚度	mm	14~17	14~17	14~17	14~17
8	车体长	mm	7 193	7 193	7 193	7 193
9	车体宽	mm	2 850	2 850	2 850	2 850
10	行军状态高	mm	3 003	3 003	3 003	2 530
11	测距仪的目标交会距离	m			10 000	10 000
12	测距仪的目标照射距离	m			5 000	5 000
13	武器	机枪	1×12.7 mm 得什卡机枪	1×7.62 mm 卡式坦克机枪	1×7.62 mm 卡式坦克机枪	1×7.62 mm 卡式改进型坦克机枪
14	弹药基数：12.7 mm	发	500	—	—	—
	弹药基数：7.62 mm	发		1 000	1 000	1 000
15	燃油续驶里程	km	500	500	500	500

1. 营指挥车 1B15（图附 4.1）

该车为营长的移动指挥和观察站，用于炮兵侦察、营级火力控制，以及在战斗中与上级炮兵指挥、炮兵连长、加强营级或战斗火力支援的诸兵种合成分队指挥进行通信联系。

该车可供处理以下任务：
① 侦察敌情与地形；
② 确定自身及目标坐标；
③ 进行射击瞄准及射击修正；
④ 保持与上级炮兵指挥、营参谋长、下属、配属及支援分队指挥间的通信。

乘员组成为营长、班长兼操作员和地形测量员、高级无线电话员、操作员、侦察兼测距员、机械师兼司机。

图附 4.1　营指挥车 1B15

2. 营参谋车 1B16（图附 4.2）

该车为移动式营级火力控制站，在战斗中位于发射阵地区域，并完成以下任务：

① 解算射击诸元，确定目标射击方式，并将数据自动传送至本营各炮兵连指挥车；

② 处理测地结果；

③ 测量地面气象数据；

④ 保持与上级炮兵参谋、营长、本营各连长和参谋、炮兵侦察配属分队指挥间的通信。

乘员组成为营参谋长、班长兼操作员和地形测量员、高级无线电话员、机械师兼无线电话员、计算员 2 人、机械师兼司机。

图附 4.2　营参谋车 1B16

3. 连指挥车 1B14（图附 4.3）

该车为连级移动式指挥-观察站，用于进行炮兵侦察、连级火力控制、在战斗中与营长以及诸兵种合成分队（配属连或营）指挥间进行通信。

该车处理以下任务：

① 侦察敌情与地形；

② 确定自身及目标坐标；

③ 进行射击瞄准及射击修正；

④ 保持与营长、营参谋长、下属、配属及支援分队的指挥间的通信。

乘员组成为连长、班长兼操作员、地形测量员、高级无线电话员、侦察兼测距员、机械师兼司机。

图附 4.3　连指挥车 1B14

4. 连参谋车 1B13（图附 4.4）

该车用于射击阵地的地形测量、在基准射向上标定火炮（迫击炮）、在战斗中控制排级火力，其位于炮兵连级射击阵地。

该车处理以下任务：

① 确定连级射击阵地坐标；

② 在基准射向上标定火炮；

③ 通过有线通信和无线通信方式，自动接收来自营参谋指挥车 1B16 电子计算机的火炮射击诸元（射角、方位角），检查火炮瞄准装置装定；

④ 保持与营长、营通信长、连长和本连的炮长间的通信。

乘员组成为连参谋长、班长兼操作员和地形测量员、高级无线电话员、计算员、机械师兼司机。

图附 4.4 连参谋车 1B13

指挥车标配设备组成如表附 4.2 所示。

表附 4.2 指挥车标配设备组成

仪器与技术设备	1B13	1B14	1B15	1B16
侦察与观察设备				
1Д8 型量子测距仪	—	1	1	—
1ПН44 型组合式观察仪	—	1	1	—
ДС-1 型立体测距仪	—	1	1	—
1Т804 型坐标转换器	—	1	1	—
ГО-27 型辐射和化学探测仪	1	1	1	1
ДМК-1 型空降气象系统	—	—	—	1
ИМП 型感应式半导体探雷器	1	—	—	—
地形测量标定与定位设备				
1Т121 型地形标定设备	1	1	1	—
1Г25 型定向设备-陀螺罗盘	1	1	1	—
ДСП 30 型工兵测距仪	1	1	1	—
ПАБ-2А 型潜望式炮用方向盘	1	1	1	—
ПВ-1 型潜望镜	1	—	—	—
通信设备				
Р-123М 型超短波电台	3	3	2	2
Р-111 型超短波电台	—	—	1	1
Р-130 型短波电台	—	—	1	1

续表

仪器与技术设备	1B13	1B14	1B15	1B16
Р-107 型超短波电台	—	1	1	—
Т-219 型加密机	—	—	1	1
1Т803М 型转换设备	1	1	1	И
Р-326 型无线电接收机	—	—	—	1
П-193М 型电话交换机	1	1	—	—
ТА-57 型电话机	2	2	2	2
带 500 m П-274М 型长电缆的 ТК-27 型线滚筒	3	3	3	3
远程代码传输设备				
9Ш34 型自动指令接收器	1	—	—	—
射击诸元解算设备				
ПУО-9 型火控仪	1	1	1	1
АП-7 型火炮修正器	1	1	1	1
带 СТА67М 型电报机的 9В59 型电子计算机	—	—	—	1
生命保障设备				
过滤通风装置	1	1	1	1
ОВ-65Г 型暖风装置	1	1	1	1
ДК-4 型专用处理系统	1	1	1	1
供电设备				
电站（Д-21 型发动机、ГИВ-8 型发电机）	1	1	1	1
12СТ70 型蓄电池	2	2	2	2
СТ140 型蓄电池	3	3	3	3
起动调速装置	—	—	—	1
武器				
7.62 mm ПКМБ 机枪（弹药基数 1 000）	—	1	1	—
12.7 mm ДШК-М 型机枪（弹药基数 500）	1	—	—	—

配备 1B12 型射击指挥系统的炮兵营战斗队形示意图如图附 4.5 所示。

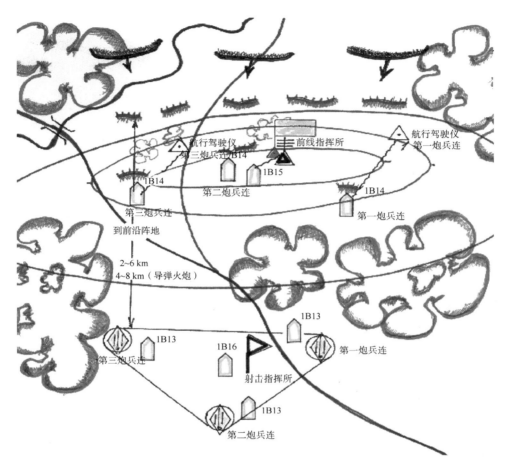

图附 4.5 配备 1B12 型射击指挥系统的炮兵营战斗队形示意图

参 考 文 献

［1］ 120 мм возимый миномет 2С12. Техническое описание и инструкция по эксплуатации, ч. 1. Устройство и эксплуатация. -М. : ВИ, 1990.

［2］ 120 мм возимый миномет 2С12. Техническое описание и инструкция по эксплуатации. Ч. 2. Боеприпасы. -М. : ВИ, 1990.

［3］ 120 мм миномет устройство и эксплуатация. Модификации 120 мм (82 мм) минометов: Учебное пособие. - Волгоград. Издательство Волгоградского государственного аграрного университета, 2014.

［4］ 120-мм возимый миномет 2С12. Техническое описание и инструкция по эксплуатации. -М. : Военное издательство, 1990.

［5］ 240-mm Self-Prolled Mortar 2S4// Field manual FM 100-2-3. The Soviet Army. Troops, organization and equipment. -Headquarters, Department of the Army, 1991. -C. 270. -456 c.

［6］ 240-мм корректируемая артиллерийская мина комплекса 《Смельчак》// Энциклопедия X XI век. Оружие и технологии России. Часть 2. Ракетно - артиллерийское вооружение сухопутных войск. Группа 12. Средства управления войсками. Класс 1230. Системы (комплексы) управления оружием (огнём) - Т. 12. -М. :Оружие и технологии, 2006. -C. 178-179, 182-183. -848 c. -ISBN 5-93799-023-4.

［7］ 5-18 Army Division. Arty Div//Field manual FM 100-60. Armor-and mechanized-based opposing force. Organization guide. -Headquarters. Department of the Army, 1997. -C. 5-38, 5-39.

［8］ 5-18 Army Division. Arty Div// Field manual FM 100-60. Armor and mechanized-based opposing force. Organization guide. -Headquarters. Department of the Army. 1997. -C. 5-38, 5-39.

［9］ 82 - мм миномет 2Б14 - 1. Техническое описание и инструкция по эксплуатации. -М. : Военное издательство, 1990.

［10］ Chase 2003: 31-32.

［11］ Needham 1986, C. 7 《Without doubt it was in the previous century, around+850, that the early alchemical exriments on the constituents of gunpowder, with its self-contained oxygen, reached their climax in the aparance of the mixture itself. 》; Buchanan 2006, C. 2 《With its ninth century AD origins in China, the knowledge of gunpowder emerged from the search by alchemists for (he secrets of life, to filter through the channels of Middle Eastern culture, and take root in Euro with consequences that form the context of the studies in this volume》.

[12] Large ter Allan (2008), The Asian military revolution: from gunpowder to the bomb.

[13] Hunnicutt R. P. Sherman: A History of the American Medium Tank. -1st ed. -Novato, CA: Presidio Press. 1976. -P. 358. -ISBN 0-89141-080-5.

[14] Rosello V. M., Shunk D., Winstead M. D. The relevance of technology in Afghanistan //Field Artillery. - Headquarters. Department of the Army. 2011. - Вып. September-October. -P. 56.

[15] Stockholm International ace Research Institute. -Arms Transfers Database.

[16] The Big Book of Trivia Fun. Kidsbooks, 2004

[17] The Military Balance 2016. -P. 190.

[18] Zaloga S. J. Soviet Artillery-A Time of Change. The Mechanized Threat. The New Generation (англ.) //Rains R. A Field Artillery Journal. - US GOVERNMENT PRINTING OFFICE 1987-659-035/40, 006, 1987. Iss. Jan-Feb. -P. 40-41.

[19] Куропаткин А. Н. Русская армия. -СПб, 2003.

[20] Свечин А. А. Эволюция военного искусства. -Т. 2. -М. -Л., 1928.

[21] Развитие артиллерийского вооружения в период 1967 - 1987 гг. / Авторский коллектив под рук. В. В. Панова; под ред. Константинова Е. И. // Центральный научно - исследовательский институт Министерства обороны Российской Федерации. Исторический очерк. 3 апреля 1947 2007. - М., 2007. -C. 27. -397 c.

[22] Артиллерийское вооружение. Основы устройства и конструирование. - Машиностроение, 1975. -420 с.

[23] Белоусов Ю. Возрождены, чтоб цели делать пылью//Красная Звезда. -2 марта 2011.

[24] Иванов В. А., Горовой Ю. Б. Устройство и эксплуатация артиллерийского вооружения Российской Армии: Учебное пособие. - Тамбов: Изд - во ТГТУ, 2005.

[25] Хандогин В. А., Привалов С. Д., Назарян Г. А. Минометы: Учебное пособие для вузов Ракетных войск и Артиллерии. -Коломна. 2004. С. 72-149.

[26] Выстрелы//Таблицы стрельбы 240-мм миномета М-240 ТС/ГРАУ №

290/Под ред. Егоровой Е. И. - Третье издание. М. : Военное издательство Министерства обороны СССР. 1969. -С. 14. -64 с.

［27］Грани. Ру: МВО в Чечне ｜ Война/Чечня.

［28］Кириллов-Губецкий И. М. Современная Артиллерия. -М. , 1937.

［29］Шеремет И. А. Основные направления и проблемы развития ракстно-артиллерийского вооружения сухопутных войск. 28. 05. 12 г.

［30］История материальной части артиллерии (1904).

［31］Кадочников В. Н. Глава 3. Возвращение 《Бога огня》//Мотовилиха: продолжение легенды. - Пермь: Раритет, 2011. - С. 134 - 141. - 492 с. - ISBN 9785937850393.

［32］Карпенко А. В. Оружие России. Современные самоходные артиллерийские орудия. -СПб. : Бастион, 2009. -С. 22-26. -64с.

［33］КарпенкоА. В. , Ганин С. М. История развития//Отечественные бомбометы и миномёты. -СПб. : Гангут. 1997. -С. 8. -56 с. -500 экз. -ISBN 5-85875-123-7.

［34］Киселев В. В. , Кириченко А. А. , Калит С. В. , Таранов С. В. Артиллерийские оптические приборы и основы эксплуатации комплекса командно-штабных машин управления (КШМУ), автомобильной техники и артиллерийского вооружения: Учебное пособие. - Волгоград: Издательство Волгоградского государственного аграрного университета, 2015.

［35］Книга 1//2С4. ТО. Изделие 2С4. Техническое описание и инструкция по эксплуатации. -Свердловск: ЦКБ 《Трансмаш》. 1978. -С. 9-16. -141 с.

［36］Книга 1. Том первый//2С4ТО. Изделие 2С4. Техническое описание и инструкция по эксплуатации. -Второе издание. -1978. -141 с.

［37］Книга 2. Части I и II. Миномёт 2Б8//2С4. ТО2. Изделие 2С4. Техническое описание и инструкция по эксплуатации. - М. : Военное издательство Министерства обороны СССР, 1981. -183 с.

［38］Королёв С. В. Техническое обеспечение ОКСВ при подготовке и выводе войск из Афганистана//Техника и вооружение: вчера, сегодня завтра. -М. : Техинформ. 2007. -№ 1. -С. 4. -ISSN 1682-7597.

［39］Королёв С. В. Техническое обеспечение ОКСВ при подготовке и выводе войск из Афганистана//Техника и вооружение: вчера, сегодня завтра. -М. : Техинформ. 2007. -№ 3. -С. 4. -ISSN 1682-7597.

［40］Ленский А. Г. , Цыбин М. М. Советские сухопутные войска в последний год Союза ССР. -СПб. : B&K. 2001. -С. 40. -294 с. -ISBN 5-93414-063-9.

［41］Манойленко Ю. Е. Русская артиллерия в первой трети ⅩⅧ века:

Дисс. ... к. ист. и. ：07. 00. 02/［Место защиты：Рос. гос. пед. ун－т им. А. И. Герцена］. －СПб. ，2010. －212 с. ：ил. РГБ ОД, 61 11－7/187.

［42］Мао Цзо－бзнъ. Это изобретено в Китае/Перевод с ки－тайского и примечания А. Клышко. －М. ：Молодая гвардия. 1959. －С. 35－45. －160 с. －25000 экз.

［43］Материалы военно－научной конференции Академии военных наук совместно с руководящим составом Вооруженных сил РФ и ведущими учеными военной организации Российской Федерации. 24. 03. 2018г.

［44］Рождественский Н. Ф. Артиллерийское вооружение. Часть I. Холодное и метательное оружие, огнестрельное вооружение и развитие артиллерии до начала XX века. －М. ：Министерство обороны. 1986.

［45］Никифоров Н. Н. ，Туркин Н. Н. ，Жеребцов А. А. ，Галиенко С. Г. Артиллерия/Под общей ред. М. Н. Чистякова. － М. ：Воениздат МО СССР, 1953.

［46］Орудие артиллерийское. Энциклопедический словарь Брокгауза и Ефрона：в 86 т. （82 т. и 4 доп. ）. －СПб. ，1890－1907.

［47］Порох//Объекты военные -Радиокомпас/Под общ. ред. Н. В. Огаркова. －М. ：Военное изд-во М-ва обороны СССР, 1978. －（Советская военная энциклопедия：［в 8 т. ］；1976－1980, т. 6）.

［48］Система 2К21 82－мм автоматического миномета 2Б9. Техническое описание и инструкция но эксплуатации 2К2I. Издание третье, стереотипное. －М. ：Вооружение. Политика. Конверсия, 2003.

［49］Система 2К21 82－мм автоматического миномета 2Б9. Техническое описание и инструкция по эксплуатации. －М. ：ВИ. 1986.

［50］Система 2К2I 82－мм автоматического миномета 2Б9. Техническое описании и инструкция по эксплуатации. Альбом рисунков. －М. ：ВИ. 1987.

［51］Система 2К21 82－мм автоматического миномета 2Б9. Техническое описание и инструкция по эксплуатации. －М. ：ВИ. 1989.

［52］ТрошевГ. Н. Чеченский излом：Дневники и воспоминания. －2-е изд. －М. ：Время, 2009. －С. 325. －（Диалог）. －ISBN 978-5-9691-0471-6.

［53］Федосеев С. Бронетанковая техника Японии 1939－1945//Историческая серия：приложение к журналу 《Техника－молодёжи》. М. ：Восточный горизонт. 2003. －С. 50.

［54］Федосеев С. Бронетанковая техника Японии 1939－1945//Историческая серия：приложение к журналу 《Техника－молодёжи》. 2003.

[55] Хайченко А. В. Этапы 40-летнего пути поколения 50-х и практический переход к пониманию Информационного общества. Люди, их работа, отношения и целеустремления//Книга-Отчёт. История создания информационного общества в России. 1970-2010 годы. -М.: НПЦ ООО 《СКИБР》, 2010. -С. 19, 108. -186 с.

[56] ЦГВИА. Ф. 24. Св. 25. 1743г., д. 3.

[57] Чельцов И. М. Порох//Энциклопедический словарь Брокгауза и Ефрона: в 86 т. (82 т. и 4 доп.). -СПб., 1890-1907.

[58] Чубасов В. А. Основы конструкции средств поражения и боеприпасов. -СПб.: БГТУ, 2011. -С. 165, 172. -176 с. -ISBN 978-5-85546-630-0.

[59] Чубасов В. А., Сюпкасв А. А. Назначение и технические характеристики комплекса1К113//Комплексы 1К113 《Смельчак》 и 2К25 《Краснополь》: Учебное пособие. -СПб.: Балтийский государственный технический университет, 2010. -С. 5. -95 с. -ISBN 978-5-85546-523-5.

[60] Широкорад А. Б. Арсенал: Василек, Тюльпан: только цветочки...//Братишка. -2011. -№ 7.

[61] Широкорад А. Б. Самоходки//Техника и оружие. -М.: АО 《АвиаКосм》. 1996. -№ 6. -С. 2-3.

[62] Широкорад А. Б. Часть 3. Советские средства доставки ядерного оружия. Глава 1. Атомная артиллерия//Атомный таран X X века Под ред. С. Н. Дмитриевой. -Вече. 2005. -С. 189-193. -352 с. -ISBN 5-9533-0664-4.

[63] ШокарсвЮ. В. История оружия: Артиллерия. -М.: АСТ, Астрель. 2001. -270 с. -ISBN 5-17-005961-2. ISBN 5-271-02534-9. (в пер.)

[64] Шунков В. Н. Часть 4. Современные артиллерийские орудия особой мощности. Глава 2. Самоходные артиллерий-ские установки. 240-мм самоходные миномёт 2С4 《Тюльпан》//Энциклопедия артиллерии особой мощности/Под общ. ред. А. Е. Тараса. -Научно-популярное изда-ние. Мп.: Харвест. 2004. -С. 353-356. -448 с. -(Библиотека военной истории). -ISBN 985-13-1462-5.

[65] Энциклопедия XXI век. Оружие и технологии России. Часть 2. Ракетно-артиллерийское вооружение сухопут-ных войск. Группа 23. Класс 2350. Боевые гусеничные машины. 240-мм самоходный миномет 2С4 《Тюльпан》. -М.: Оружие и технологии, 2001. -Т. 2. -С. 170. -688 с. -ISBN 5-93799-002-1.